KALORISCH-CHEMISCHE RECHENAUFGABEN

VON

DR. M. v. STACKELBERG

APL. PROFESSOR FÜR PHYSIKALISCHE CHEMIE
AN DER UNIVERSITÄT BONN A. RH.

MIT 2 ABBILDUNGEN

SPRINGER-VERLAG
BERLIN · GÖTTINGEN · HEIDELBERG
1952

ISBN-13: 978-3-540-01655-7   e-ISBN-13: 978-3-642-87158-0
DOI: 10.1007/ 978-3-642-87158-0

Inhaltsverzeichnis.

Seite
(in ( ) Seite
der Lösung)

Einleitung.

Die hier zusammengestellten kalorischen Rechenaufgaben sind aus der Praxis des physikalisch-chemischen Unterrichts an der Universität Bonn hervorgegangen. Sie haben den Zweck, die Studierenden mit den Begriffen der Enthalpie, der Affinität und der Entropie chemischer Reaktionen durch praktische Anwendung der GIBBS-HELMHOLTZschen Gleichung vertraut zu machen und sie in der Benutzung der Tabellen „Kalorische Daten anorganischer und organischer Verbindungen" im „D'Ans-Lax"[1] zu üben. Die vorliegenden Rechenaufgaben sind so abgefaßt, daß nur im D'Ans-Lax vorhandene Daten benötigt werden.

Beim Üben an praktischen Beispielen wird nicht nur eine Beherrschung der formalen Methodik erzielt, sondern auch ein Vertrautsein mit der Materie, ein Gefühl für die Grenzen des praktisch Erreichbaren, für die Schwierigkeiten und Hindernisse, die sich vom Druckfehler bis zum grundsätzlichen Versagen der in der Methodik steckenden Voraussetzungen erstrecken. Die Kunst der praktischen Berechnung besteht oft darin, unzureichendes Ausgangsmaterial an Daten auf indirektem Wege oder durch Schätzungen zu ergänzen; ferner darin, die Schärfe und damit den Zeitaufwand einer Rechnung dem jeweils erforderlichen oder erreichbaren Genauigkeitsgrad anzupassen.

In diesem Zusammenhang: Die Berechnungen sind hier mit dem Rechenschieber und nicht mit der Logarithmentafel auszuführen.

Die *Lösungen* der Aufgaben sind in einem zweiten Teil dieses Büchleins zusammengestellt. Sie enthalten auch den Weg zu dem Ergebnis und erläuternde Zusätze.

Die für die Rechnungen erforderlichen thermodynamischen Grundlagen sind in jedem Lehrbuch der physikalischen Chemie zu finden. Daher sind die nachfolgenden „*Vorbemerkungen*" kurz gehalten. Sie haben nur den Zweck, die hier benutzten Formelzeichen einzuführen und einige erfahrungsgemäß für die Studierenden wichtigen Hinweise zu bringen.

Es wird jedoch in einem *Anhang* eine etwas ausführlichere Behandlung des Affinitätsbegriffes gebracht. Die modernen

---

[1] D'ANS, J. und E. LAX: Taschenbuch für Chemiker und Physiker, 2. Aufl., Springer 1949.

Lehrbücher der physikalischen Chemie streben eine gewisse Vollständigkeit in der Behandlung der thermodynamischen Beziehungen an. Diese an sich notwendige Fülle des Gebrachten erschwert dem Studierenden das Eindringen in das Gebiet. Das Ergebnis ist, daß so wichtige Dinge wie die thermodynamische Ableitung des Massenwirkungsgesetzes unklar bleiben. Im Anhang ist hier versucht worden, das Wesentliche auf altbewährter Grundlage zusammenzustellen. Um den Anschluß an die modernen Formulierungen herzustellen, wird zum Schluß auch kurz auf das chemische Potential eingegangen.

Das Ziel dieser Aufgabensammlung ist also nicht ein Erfassen des vollen Apparates der thermodynamischen Formulierungen, sondern die Vermittlung eines *praktischen* Vertrautseins mit den *Grundlagen* des behandelten Gebietes. Hierauf kann dann im weiteren Verlaufe des Studiums aufgebaut werden.

Vorbemerkungen.

1. In der Mechanik tritt als Antrieb der Vorgänge *die Energie* auf. In der Thermodynamik, die auch die Wärmeenergie in den Kreis ihrer Betrachtungen einbezieht, ist der Antrieb durch die *Affinität* (N) gegeben. Diese enthält außer der Energie auch noch das „*Entropieglied*", das durch die Wärmebewegung verursacht ist und als ein „Trieb zur Unordnung" aufgefaßt werden kann. Daher enthält die GIBBS-HELMHOLTZsche Gleichung

$$N = W - T \cdot \Delta S \tag{1}$$

im Entropieglied $T \cdot \Delta S$ die absulute Temperatur als Faktor, wodurch beim absoluten Nullpunkt das Entropieglied, der Trieb zur Unordnung verschwindet.

Die Größen N, W und ΔS in Gl. (1) beziehen sich auf einen Formelumsatz. — Vom reagierenden System abgegebene Wärme- und Arbeitsbeträge werden der modernen Vorzeichengebung entsprechend mit negativem Vorzeichen versehen.

2. Als *Energieglied* W benutzt man zweckmäßig nicht W_v, die Änderung der Gesamtenergie U des Vorganges, sondern W_p, die Änderung der *Enthalpie* H, da die Vorgänge bei konstantem Druck wichtiger sind als die bei konstantem Volumen. Mit W wird daher im folgenden stets ΔH, der Wärmebedarf bei konstantem Druck bezeichnet.

3. Die Wirksamkeit des *Entropiegliedes* $T \cdot \Delta S$ als Antrieb einer Reaktion wurde oben als „Trieb zur Unordnung" gedeutet. Diese Deutung ist natürlich nicht thermodynamischer Natur, sondern

atomistisch. Im Sinne der Thermodynamik ist das zweite Glied
der GIBBS-HELMHOLTZschen Gl. (1) als „gebundene Wärme" Q_r
zu bezeichnen, wobei Q_r die bei reversiblem isothermem Ablauf
der Reaktion vom System aus der Umgebung aufgenommene
(und in Arbeit umgewandelte) Wärme ist. Durch die Definition
$\Delta S \equiv Q_r/T$ wird $Q_r = T \cdot \Delta S$.

Die atomistisch-statistische Deutung der Entropie ist aber sehr
anschaulich. So treibt z. B. beim Gleichgewicht Flüssigkeit/
Dampf die Entropie in Richtung der Verdampfung, da im Gas-
zustand die größere „Unordnung" herrscht. Die Energie treibt
infolge der v. d. WAALSschen Bindungskräfte in Richtung der
Kondensation.

*Bei allen nachfolgenden Aufgaben überlege man sich die Trieb-
richtung der Energie und der Entropie* — einerseits aus dem Vorzeichen der ermittelten Zahlenwerte für W und ΔS, andrerseits
— anschaulich — aus dem Wirksamwerden der Bindungskräfte
und des Strebens nach Unordnung.

4. *Die Affinität* als „Antrieb" einer Reaktion ist zahlenmäßig
angebbar als die *Arbeit*, die eine Reaktion bei reversiblem Ablauf zu leisten vermag. Wenn eine bei konstantem Druck verlaufende Reaktion mit einer Volumänderung verknüpft ist, so
wird auch Arbeit umgesetzt, um den Druck unverändert zu
halten. Dieser (meist kleine) Arbeitsanteil zählt aber bei der
Affinität nicht mit. Die Affinität ist die „Nutzarbeit", was
durch das Symbol $\mathcal{N}$ zum Ausdruck kommen soll. (Näheres
hierüber siehe im *Anhang*, S. 60.)

Als *Grund- oder Normalaffinität* oder *Grundreaktionsarbeit* bezeichnet man die Arbeit, die umgesetzt wird, wenn die Ausgangs-
und Endstoffe der Reaktion im „Grundzustand" sind. Als Grundzustand gilt der Zustand des reinen Stoffes beim Druck von
1 at. (Genauer: ein idealisierter Zustand der Aktivität 1, wenn
bei Gasen bei 1 at bereits Abweichungen vom idealen Verhalten
auftreten; s. Anhang S. 65.) Diese Grundaffinität steht mit der
den Chemiker vor allem interessierenden Größe, der Gleichgewichtskonstanten K_p in der Beziehung

$$\mathcal{N} = - RT \ln K_p. \tag{2}$$

Im Sprachgebrauch pflegt man unter der „Affinität der Reaktion . . ." die Grundaffinität zu verstehen. Meint man die
Affinität unter anderen Bedingungen, so müssen ja diese angegeben werden. Auch wir schließen uns diesem Sprachgebrauch
hier an, meinen also stets die Grundaffinität, wenn nicht aus-
drücklich andere Reaktionsbedingungen angegeben sind. Bei den

Formelsymbolen N (auch W und ΔS) werden jedoch Grundreaktionsgrößen durch Fettdruck ($\boldsymbol{N}$, $\boldsymbol{W}$, $\boldsymbol{\Delta S}$) hervorgehoben.

5. In den nachfolgenden Aufgaben berechnen wir N nach Gl. (1), wobei W und ΔS aus der Summe der Bildungsenthalpien bzw. der Standardentropien der Reaktionsteilnehmer gewonnen werden, indem die Beträge für die verschwindenden Substanzmole mit umgekehrtem Vorzeichen genommen werden. Die Bildungsenthalpien und Standardentropien entnehmen wir Tabellenwerken, z. B. dem Taschenbuch von D'Ans und Lax. Da die Tabellen diese Angaben für den Grundzustand von 1 at enthalten, sind die hieraus berechneten Werte *Grund*reaktions-Enthalpien, -Entropien und -Arbeiten ($\boldsymbol{W}$, $\boldsymbol{\Delta S}$, $\boldsymbol{N}$). Diese zudem für $25°$ C geltenden Grundreaktionsgrößen bezeichnet man als *Standard*reaktionsgrößen.

Die exakte Umrechnung auf andere Temperaturen und Drucke setzt die Kenntnis der (partiellen) Molwärmen und der chemischen Potentiale der Reaktionsteilnehmer in Abhängigkeit von der Temperatur und der Konzentration (Druck) voraus. In sehr vielen Fällen genügt jedoch eine näherungsweise Abschätzung des Einflusses von Temperatur- und Druckänderungen auf N und K. Hierauf beschränken wir uns im Nachfolgenden.

a) Zur *Umrechnung auf andere Temperaturen* dient die Beziehung

$$dN/dT = -\Delta S.$$

Die Tabellenwerke lassen auch diese Größe nur für $25°$ C ermitteln. Eine Umrechnung von N mit diesem Temperaturkoeffizienten auf Temperaturen, die stark von $25°$ abweichen, ist nur dann exakt, wenn bei der betreffenden Reaktion die Wärmekapazität der Ausgangsstoffe gleich der der Endstoffe ist. Dann sind W und ΔS temperaturunabhängig (warum?). Andernfalls ist die Umrechnung nur als mehr oder weniger grobe Näherung anzusehen. Wir beschränken uns jedoch bei fast allen nachfolgenden Aufgaben hierauf („1. Näherung"). Eine Berechnung mit „2. Näherung" wird nur bei den Aufgaben Nr. 13 und 19 durchgeführt.

b) Um die Affinitäten auf *andere Drucke*, bzw. Konzentrationen umzurechnen, sind die „*Restreaktionsarbeiten*" zu berechnen und zur Grundaffinität hinzuzuaddieren. Diese Restreaktionsarbeiten bestehen in den Kompressions- oder Expansionsarbeiten der *gasförmigen* Reaktionsteilnehmer von den gegebenen Drucken p_i auf den Grundzustandsdruck 1 (at). Indem wir ideales Verhalten voraussetzen, ergibt sich für jeden gasförmigen Reaktionsteilnehmer i die Restarbeit

$$A_{i,\,\text{Rest}} = n_i\, RT \ln p_i$$

(bei verschwindenden Gasen mit negativem Vorzeichen. Vgl. das erste Glied in Gl. (a) im Anhang S. 62).

Die Restreaktions*wärmen* sind bei idealem Verhalten gleich Null. Die Wärmetönung ist daher auch in realen Fällen meist wenig druck- und temperaturabhängig.

Das Entropieglied der GIBBS-HELMHOLTZschen Gleichung muß daher bei idealem Verhalten die gleiche Druckabhängigkeit besitzen wie die Affinität. Die Restreaktions-*Entropien* betragen also $-\, n_i\, R \ln p_i$ (bei verschwindenden Gasen mit positivem Vorzeichen). Doch brauchen wir diese Restreaktionsentropien im allgemeinen nicht zu berechnen.

6. Das Vorzeichen der Grundaffinität entscheidet nur über die Möglichkeit des freiwilligen Ablaufs der *Grund*reaktion. Bis zum durch Gl. (2) gegebenen Gleichgewicht kann die Reaktion in jedem Fall ablaufen.

Ob eine Reaktion tatsächlich verläuft, hängt nicht nur von der Affinität, sondern auch von kinetischen Hemmungen (Energieberg) ab. In den nachfolgenden Aufgaben werden kinetische Rechnungen nicht durchgeführt. In qualitativer Hinsicht steht aber die Frage nach kinetischen Hemmungen oft im Vordergrunde des Interesses.

Aufgaben.

Die Aufgaben Nr. 1 bis 4, 7 und 26 behandeln grundsätzliche Fragen. Sie können zunächst zurückgestellt werden.

1. Aufgabe.

Grundsätzliches zur Berechnung der Affinität.

I. Berechne W, $\varDelta S$ und N für die Reaktionen

$$\text{a)} \quad 3\,H_2 + \quad N_2 = 2\,NH_3,$$
$$\text{b)} \quad {}^3/_2\,H_2 + {}^1/_2\,N_2 = \quad NH_3.$$

Wie groß sind die „Bildungs"-Wärme, -Entropie und -Arbeit des Ammoniaks?

II. Wie groß sind die Affinitäten der obigen Reaktionen (a) und (b), wenn

1. Von H_2 und N_2 von 1 at ausgegangen, aber NH_3 von 0,1 at gewonnen wird;
2. H_2 und N_2 von je 0,1 at, NH_3 von 1 at;
3. H_2, N_2 und NH_3 von 0,1 at?

Berechne die *Restreaktionsarbeiten* und addiere sie zu den Grundreaktionsarbeiten.

III. Ausgangs- und Endstoffe der Reaktionen (a) und (b) seien nicht in getrennten Behältern, sondern in einem Gefäß vereint.

1. Die Anfangspartialdrucke betragen $p_{H_2} = 1$ at, $p_{N_2} = 1$ at, $p_{NH_3} = 0$. Wie groß ist die Affinität zu Beginn der Reaktion und wie wird sie sich im Verlaufe der Reaktion ändern?

2. Desgleichen bei dem Anfangszustand $p_{H_2} = p_{N_2} = p_{NH_3} = 1$ at?

IV. Welche Gleichgewichtskonstanten ergeben sich für die Reaktionen (a) und (b)? Beziehung der beiden zueinander?

2. Aufgabe.

Reaktionen mit Entropie-Abnahme.

I. Nach dem 2. Hauptsatz der Thermodynamik können nur solche Vorgänge „von selbst" ablaufen, bei denen die Entropie zunimmt. Zahlreiche chemische Reaktionen, die freiwillig verlaufen (N negativ), haben aber eine negative Reaktionsentropie ΔS. Wie ist dies zu deuten?

Berechne W, ΔS und N für die Reaktionen

$$\text{a) } CO + \tfrac{1}{2}O_2 = CO_2,$$
$$\text{b) } C_2H_4 + H_2 = C_2H_6.$$

Wie groß ist der gesamte Entropieumsatz dieser Reaktionen bei isothermem Ablauf und wie (qualitativ) bei adiabatischem Ablauf?

Bezeichne hierbei die (sonst in diesen Aufgaben mit ΔS bezeichnete)

Entropieänderung des Systems mit . . . . . ΔS_s,
die Entropieänderung der Umgebung mit . . ΔS_u,
die gesamte Entropieänderung $\Delta S_s + \Delta S_u$ mit ΔS_g.

II. Die in allen nachstehenden Aufgaben zu berechnende Affinität N der Reaktionen bestimmt durch ihr Vorzeichen, ob die Reaktion freiwillig verlaufen kann. Dies ist nur dann der Fall, wenn N negativ ist, wenn die Reaktion „exergon" ist.

Andererseits lehrt die Thermodynamik, daß nur solche Vorgänge freiwillig vor sich gehen, die eine Entropiezunahme aufweisen.

Wie sind diese beiden Aussagen zu vereinbaren? Wie ist der Zusammenhang zwischen der Affinität und der Entropieänderung?

3. Aufgabe.

Reaktionen, die mehr Arbeit liefern können als ihr Energieumsatz beträgt.

I. Kann man es den folgenden Reaktionsgleichungen (a) bis (g) ansehen, ob die Reaktionsentropie ΔS positiv oder negativ ist, welchen Betrag ΔS ungefähr hat,

ob die Affinität merklich verschieden von der Wärmetönung ist, welchen Betrag $N - W$ (bei $25°$ C) schätzungsweise hat?

Der gasförmige Zustand ist besonders entropiereich. Nach TROUTON beträgt die Verdampfungsentropie einer Flüssigkeit etwa 22 Cl.[1] pro Mol (bei der Siedetemperatur). Die Schmelzentropien sind weniger gleichförmig aber in der Größenordnung von 5 Cl. pro Mol. Man kann daher eine Reaktionsentropie abschätzen, indem man pro Mol entstehenden (verschwindenden) Gases mit einer Entropiezunahme (-abnahme) von etwa 30 Cl. rechnet.

a) $NH_3 + HCl = NH_4Cl$ (f.)
b) $N_2 + 3 H_2 = 2 NH_3$
c) CaH_2 (f.) $+ H_2O$ (fl.) $= CaO$ (f.) $+ 2 H_2$
d) C (Diam.) $+ \frac{1}{2} O_2 = CO$
e) $2 Ag + S$ (rhomb.) $= Ag_2S$
f) $H_2 + Cl_2 = 2 HCl$
g) prim. n-C_4H_9OH = tert. C_4H_9OH.

II. Berechne W, ΔS und N für diese Reaktionen.

Bei den Reaktionen (c), (d), (f) ist der Betrag der Affinität größer als der der Wärmetönung. Woher kommt dieser Mehrbetrag? Welche Triebkraft ist für diese erhöhte Arbeitsleistung wirksam? Wie muß das Vorzeichen von ΔS bei diesen Reaktionen sein?

Welche Triebkraft ist für die Arbeitsleistung bei der Expansion eines idealen Gases allein verantwortlich? Wie lautet die thermodynamische und wie die kinetische Antwort auf diese Frage? Wie groß ist ΔS für die Expansion von n-Molen Gas von p_1 auf p_2?

III. Diskutiere

a) die Expansion eines *realen* Gases (unterhalb der Inversionstemperatur); im Extremfall — die Verdampfung einer Flüssigkeit.

b) die Auflösung fester Stoffe in Flüssigkeiten.

---

[1] Cl. = Clausius (cal/grad).

c) die Reaktion $N_2 + O_2 = 2\,NO$. Welches Vorzeichen haben die Wärmetönung und die Grundaffinität? und welches die Affinität „bei Beginn der Reaktion" (p_{NO} = null)?

4. Aufgabe.

Der Temperaturkoeffizient der Gleichgewichtskonstanten und der Affinität.

Die in den vorigen Aufgaben behandelte Größe ΔS ermöglicht nicht nur eine Berechnung der Affinität aus der Wärmetönung, sondern auch eine Umrechnung der Affinität auf andere Temperaturen, da $dN/dT = -\Delta S$ ist. Es ist jedoch zu beachten, daß der Temperaturkoeffizient der *Gleichgewichtskonstanten* mitunter sogar ein anderes Vorzeichen haben kann als der Temperaturkoeffizient der Affinität. Es gelten bekanntlich folgende Gesetze:

1. Der Temperaturkoeffizient der Gleichgewichtskonstanten ist von der *Wärmetönung* abhängig: $d \ln K/dT = W/RT^2$.

2. Der Temperaturkoeffizient der Affinität ist von der *Reaktionsentropie* abhängig: $dN/dT = -\Delta S$.

Nun haben bei den in der vorigen Aufgabe behandelten Reaktionen II (c), (d) und (f) die Wärmetönung W und ΔS verschiedenes Vorzeichen:

$$W < 0, \quad \Delta S > 0.$$

Temperaturerhöhung verschiebt also das Gleichgewicht dieser exothermen Reaktionen nach der *linken* Seite der Reaktionsgleichung. Andrerseits wird die nach *rechts* treibende Affinität dieser Reaktionen wegen $\Delta S > 0$ durch Temperaturerhöhung verstärkt.

Wie ist dies zu deuten:

I. formelmäßig ($N = -RT \ln K_p$)?

II. physikalisch (Gleichgewichtskasten)?

5. Aufgabe.

Aerobes und anaerobes Leben.

Manche niedere Lebewesen vermögen ohne Luftsauerstoff — anaerob — zu leben. Oft benutzen sie als Energiequelle ebenso wie die höheren Lebewesen den Abbau von Kohlenhydraten. Doch können sie diese nicht „verbrennen". Die Gärungshefe spaltet z. B. Zucker in Alkohol und Kohlendioxyd.

I. Berechne W, $\varDelta S$ und N für folgende Reaktionen des Rohrzuckers für $298°\,K$:

$$\text{a) } C_{12}H_{22}O_{11} + 12\,O_2 = 12\,CO_2 + 11\,H_2O$$
$$\text{b) } C_{12}H_{22}O_{11} + H_2O = 4\,CO_2 + 4\,C_2H_5OH.$$

II. Wieviel Prozent der Verbrennungsenergie des Rohrzuckers (Reaktion (a)) können die Hefezellen nach Reaktion (b) gewinnen?

1. an Gesamtenthalpie (Wärme)?
2. an freier Enthalpie (Arbeit)?

III. Wieviel kcal liefert die Verbrennung von 1 g Kohlenhydrat (Rohrzucker) und von 1 g Fett (rechne mit Glycerintripalmitat unter Verwendung der Werte für Glycerin und für Palmitinsäure und indem für die Verseifung des Glycerinpalmitates — 10 kcal sowohl für die Verseifungswärme als auch für die Verseifungsarbeit angenommen werden)? — Warum liefert 1 g Kohlenhydrat weniger Kalorien als 1 g Fett?

6. Aufgabe.

Einige Reaktionen mit Halogenen.

I. Berechne W, $\varDelta S$ und N für nachfolgende Reaktionen und überlege die Bedeutung der gefundenen Zahlen. Z. B.: Wie wird sich eine Temperaturerhöhung auf die Affinitäten der Reaktionen (a) bis (i) qualitativ auswirken? Warum haben die Reaktionen (a), (c) und (d) gleiches $\varDelta S$, die Reaktion (b) aber $\varDelta S = 0$?

$$\text{a) } AgJ + {}^1\!/_2\,Cl_2 = AgCl + {}^1\!/_2\,J_2 \text{ (f.)}$$
$$\text{b) } AgJ + HCl \quad = AgCl + HJ$$
$$\text{c) } NaJ + {}^1\!/_2\,Cl_2 = NaCl + {}^1\!/_2\,J_2 \text{ (f.)}$$
$$\text{d) } HJ + {}^1\!/_2\,Cl_2 = HCl + {}^1\!/_2\,J_2 \text{ (f.)}$$
$$\text{e) } H_2 + Cl_2 \quad\;\, = 2\,HCl$$
$$\text{f) } H_2 + Br_2 \text{ (fl.)} = 2\,HBr$$
$$\text{g) } H_2 + Br_2 \text{ (g.)} = 2\,HBr$$
$$\text{h) } H_2 + J_2 \text{ (f.)} \;\, = 2\,HJ$$
$$\text{i) } H_2 + J_2 \text{ (g.)} \;\, = 2\,HJ.$$

II. In den Reaktionsgleichungen (f) und (g) ist einmal flüssiges, einmal gasförmiges Brom eingesetzt. Überlege (ohne Rechnung mit den Zustandsfunktionen), welchen Unterschied dies in W, N und dN/dT geben muß.

III. Wie groß wäre im Gleichgewicht der HJ-Partialdruck bei $25°$ über festem Jod in H_2 vom Partialdruck 1 at?

7. Aufgabe.

Dämpfe unter „Standardbedingungen".

I. Ergänzend zu Aufgabe 6 II berechne W, ΔS und N für die Reaktion (unter Standardbedingungen: 25° C, 1 at)

$$\text{a) } Br_2 \text{ (fl.)} = Br_2 \text{ (g.).}$$

Br_2 (g.) ist hierbei ein nicht realisierbarer Zustand eines stark übersättigten (oder unterkühlten) Bromdampfes[1].

II. Zerlege die Reaktion (a) in 2 Teilreaktionen:

1. Br_2 (fl., 1 at) $= Br_2$ (g., 212 Torr)
2. Br_2 (g., 212 Torr) $= Br_2$ (g., 1 at)

und gib W_1 und W_2, sowie N_1 und N_2 einzeln an. Letzteres mit Hilfe des Dampfdruckes von Brom bei 25°: 212 Torr.

III. Kritisiere die Standardentropieangaben im D'Ans-Lax (S. 313) für flüssiges und gasförmiges Brom auf Grund des in II ermittelten Wertes für $N = N_1 + N_2$.

Prüfe den Wert von W durch Berechnung nach CLAUSIUS-CLAPEYRON aus den Dampfdruckangaben:

$$p\,(20°) = 170 \text{ Torr}, \quad p\,(30°) = 262 \text{ Torr}.$$

Gib ΔS_1 und ΔS_2 für die Reaktionen (II) an.

IV. Vergleiche die Verdampfungswärmen des Broms bei 58° (Siedepunkt) und 25° nach D'Ans-Lax, S. 313.

Sind das äußere oder innere Verdampfungswärmen? Wie groß sind die Inneren?

Um wieviel müßten sich die äußeren Verdampfungswärmen bei 58° und 25° unterscheiden, wenn die Molwärmen des Broms

$$C_p \text{ (g.)} = 8{,}5 \text{ cal/grad}, \quad C_p \text{ (fl.)} = 17{,}1 \text{ cal/grad }[2]$$

betragen?

8. Aufgabe.

Warum brennt Tetrachlorkohlenstoff nicht?

Ist die Reaktion

$$\text{a) } CCl_4 \text{ (g.)} + O_2 = CO_2 + 2\,Cl_2$$

thermodynamisch nicht möglich oder kinetisch gehemmt? Wie ist es bei höherer Temperatur? Berechne N für 25° C und z. B. 1025° C.

---

[1] Außerdem ist der Zustand idealisiert, indem die Zustandsfunktionswerte durch Extrapolation aus hochverdünntem (idealem) Zustand gewonnen sind. Doch wäre übersättigter Bromdampf von 1 at bei 25° diesem Idealzustand nahe.

[2] Im D'Ans-Lax, S. 313, ist versehentlich die *Atom*wärme des flüssigen Broms (8,5 cal/grad) eingetragen.

Worauf kann eine kinetische Hemmung zurückgeführt werden?
Wäre die Reaktion

$$\text{b) } CCl_4 \text{ (g.)} + 5\,O_2 = CO_2 + 4\,ClO_2$$

thermodynamisch günstiger?

9. Aufgabe.

Darstellung von Alkohol aus Aethylen und Wasser.

I. Kann — die Gegenwart eines wirksamen Katalysators vorausgesetzt —

a) beim Einleiten von O_2 in Wasser H_2O_2 entstehen?
b) „ „ „ C_2H_4 „ „ C_2H_5OH „

Beantworte die Frage zunächst ohne jede Rechnung mit ja oder nein. Und gib an, worüber eine Berechnung der Affinität der entsprechenden Standard-Reaktionen Auskunft geben kann.

II. Was läßt sich über diese Reaktionen (bei einer Temperatur von 25° C) aussagen, wenn man berücksichtigt, daß

a) H_2O_2 durch geeignete Katalysatoren (z. B. fein verteiltes Platin) praktisch vollständig zersetzt wird,

b) Alkohol bei hoher Temperatur mit Al_2O_3 als Karalysator oder mit konz. Schwefelsäure in C_2H_4 und Wasser zersetzt wird?

III. Berechne W, ΔS und N der entsprechenden Standard-Reaktionen. Die Standardentropie des H_2O_2 (fl.) läßt sich zu $S_{H_2O_2} = 30 \pm 5\,Cl.$ abschätzen[1].

IV. Die vorstehend berechneten Werte für N gelten praktisch auch für die Reaktionen mit gasförmigen Stoffen, da die Verdampfungswärme von Wasser einerseits und von Alkohol, bzw. Wasserstoffperoxyd andrerseits wenig verschieden sind; das gleiche gilt für die Siedetemperaturen und damit für die Verdampfungsentropien.

Es ist daher möglich, aus obigen N-Werten die Gleichgewichtskonstanten $\lg K_p = - N/4{,}57\,T$ für gasförmige Systeme zu berechnen. Berechne $\lg K_p$ auch für 525° C, einerseits mit dem Temperaturkoeffizienten von $\lg K_p$ nach VAN'T HOFF, andrerseits durch Umrechnen von $N_{298°}$ auf $N_{798°\,K}$.

---

[1] $S_{H_2O_2}$ muß größer sein als S_{H_2O} (16,9 Cl.), weil die Molwärme und die Schmelzentropie des H_2O_2 größer sind. (Dies ergibt $S_{H_2O_2} > 25$ Cl.) Andrerseits wird $S_{H_2O_2}$ vermutlich kleiner sein als S_{Br_2} (36,8 Cl.), wahrscheinlich auch kleiner als S_{CHOOH} (33 Cl.). Alle diese Stoffe haben ähnliche Schmelztemperaturen wie H_2O_2.

10. Aufgabe.

Kohlenstoff und Sauerstoff.

I. Berechne W, ΔS und N bei 25° C für

a) $C\ (\text{Diamant}) + \tfrac{1}{2}\,O_2 = CO$
b) $CO + \tfrac{1}{2}\,O_2 = CO_2$
c) $C\ (\text{g., atomar}) + O\ (\text{atomar}) = CO$
d) $CO + O\ (\text{atomar}) = CO_2$.

Wird also das 1. oder das 2. Sauerstoffatom am Kohlenstoffatom mit größerer Energie gebunden?

Warum ergibt sich ΔS bei (a) positiv, bei (b) bis (d) negativ?

In (a) kann statt Diamant auch Graphit eingesetzt werden. Der Unterschied ist gering. Warum wäre es ungünstig, amorphen Kohlenstoff der Berechnung zugrunde zu legen?

Bemerkung zu (c): Die im D'Ans-Lax, S. 319, angegebene Verdampfungswärme des Kohlenstoffs (170 kcal pro Grammatom) ist noch umstritten. Neuerdings wird ein Wert von 124 kcal für wahrscheinlicher gehalten.

II. Berechne für die Reaktion

$$C + CO_2 = 2\,CO$$

W, ΔS, N und die Gleichgewichtskonstante $K_p = p^2_{CO}/p_{CO_2}$, auch für 600° K, 1000° K und 3000° K.

Wohin treiben die Energie und die Entropie?

11. Aufgabe.

Kohlenstoff und Wasserstoff. Kohlehydrierung.

Berechne für 25° C und für 525° C die Affinitäten der Reaktionen

a) $2\,H_2 +$ $C\ (\text{Graphit}) = CH_4$
b) $3\,H_2 +$ $2\,C$,, $= C_2H_6$
c) $4\,H_2 +$ $3\,C$,, $= C_3H_8$
d) $7\,H_2 +$ $6\,C$,, $= C_6H_{14}\ (\text{g.})$
e) $11\,H_2 + 10\,C$,, $= C_{10}H_{22}\ (\text{g.})$.

Da im D'Ans-Lax die Bildungsenthalpien der organischen Stoffe auf Kohlenstoff als Graphit bezogen sind (bei den anorganischen Stoffen auf Diamant), so ist hier für die Bildungsenthalpie des Kohlenstoffs der Wert Null zu benutzen (für die Normalentropie: 1,36 Cl.).

Die Ergebnisse der Rechnung zeigen, daß der niedrigste Kohlenwasserstoff am stabilsten ist. Dies tritt noch deutlicher bei

Berechnung der Affinität der Reaktionen

$$\text{f) } C_2H_6 = 1\,^1/_2\,CH_4 + {}^1/_2\,C$$
$$\text{g) } C_3H_8 = 1\,^1/_3\,C_2H_6 + {}^1/_3\,C$$
$$\text{h) } C_2H_6 + H_2 = 2\,CH_4$$

hervor.

Erhöhung der Temperatur bewirkt eine weitere Erniedrigung der Stabilität höherer Kohlenwasserstoffe (Kracken. Schließlich wird auch CH_4 instabil). Wie wirkt sich aber Druckerhöhung aus? Berechne die Affinität obiger Reaktionen (a) bis (h) auch für einen Druck von 500 at. Für diese Überschlagsrechnung kann ideales Gasverhalten angenommen werden.

12. Aufgabe.
Ungesättigte und aromatische Kohlenwasserstoffe.

I. Werden bei der Kohlehydrierung Paraffine, Olefine oder Aromaten entstehen? Berechne N und $\lg K_p = \lg p_{KW}/p_{H_2}^n$ für folgende Reaktionen (bei 25° und 1 at). Wie werden sich Temperatur- und Druckerhöhung qualitativ auswirken?

Warum ist Acetylen explosiv durch Selbstzersetzung? Warum brennen Acetylen und Benzol mit leuchtender Flamme?

$$\text{a) } 2\,C \text{ (Graphit)} + H_2 = C_2H_2$$
$$\text{b) } 2\,C \quad\text{,,}\quad + 2\,H_2 = C_2H_4$$
$$\text{c) } 2\,C \quad\text{,,}\quad + 3\,H_2 = C_2H_6$$
$$\text{d) } 6\,C \quad\text{,,}\quad + 3\,H_2 = C_6H_6 \text{ (fl.)}$$
$$\text{e) } 6\,C \quad\text{,,}\quad + 3\,H_2 = C_6H_6 \text{ (g.)}.$$

II. Berechne W, ΔS und N für die Reaktionen:

$$\text{a) } C_2H_2 = {}^1/_3\,C_6H_6 \text{ (g.)}$$
$$\text{b) } C_2H_2 = {}^1/_3\,C_2H_6 + {}^4/_3\,C.$$

III. Berechne W, ΔS und N für folgende Hydrierungsreaktionen:

$$\text{a) } C_2H_2 + H_2 \quad= C_2H_4$$
$$\text{b) } C_2H_4 + H_2 \quad= C_2H_6$$
$$\text{c) Fumars. (f.) } + H_2 = \text{Bernsteins. (f.)}$$
$$\text{d) Maleins. (f.) } + H_2 = \text{Bernsteins. (f.)}$$
$$\text{e) } {}^1/_3\,C_6H_6 \text{ (fl.) } + H_2 = {}^1/_3\,C_6H_{12} \text{ (fl.) (Cyclohexan)}$$
$$\text{f) } C_6H_{12} \text{ (fl.) } + H_2 \quad= \text{n-}C_6H_{14} \text{ (fl.)}.$$

Beachte den geringen Wert von W und N bei der Benzolhydrierung: Stabilität des aromatischen Systems! (im Vergleich zu Doppelbindungen).

Warum ist ΔS für die Cyclohexan-Hydrierung so gering?

13. Aufgabe.

Die Darstellung von Acetylen aus Methan.

I. Die Gewinnung von Acetylen aus Erdgas (CH_4 und andere niedere KW) im Lichtbogen, wie sie z. B. im Bunawerk Hüls durchgeführt wird, sei an Hand der Reaktionsgleichung

$$\text{a)} \quad 2\,CH_4 = C_2H_2 + 3\,H_2$$

diskutiert. Berechne W, ΔS und N für 25° C. Die Reaktion hat also einen großen Energie- und Arbeitsbedarf. Das Gleichgewicht läge bei 25° — falls es sich einstellen würde — ganz auf der CH_4-Seite. Jedoch ist wegen Verdoppelung der Gasmolzahl bei der Reaktion die Reaktionsentropie stark positiv. Berechne die Temperatur T, bei der $N = 0$ wird, bei der die C_2H_2-Ausbeute also erheblich zu werden beginnt:

1. nach der 1. Näherung (W und ΔS temperaturunabhängig)
2. nach der 2. Näherung mit den Molwärmen bei 25°.

Eine Stabilisierung des Acetylens ist aber auch oberhalb der in (I) berechneten Temperatur noch nicht erreicht. Zwar hat sich das Gleichgewicht der Reaktion (a) jetzt zugunsten des Acetylens verschoben. Für die nachfolgenden Reaktionen (b) bis (f) ist das aber teilweise noch nicht der Fall.

$$
\begin{aligned}
&\text{b)} \quad C_2H_2 + \;\; 2\,H_2 = C_2H_6 \quad &&\text{(s. Aufgabe 12, III a + b)} \\
&\text{c)} \quad C_2H_2 + \;\;\; H_2 = C_2H_4 \quad &&\text{(,,} \qquad \text{,,} \quad \text{12, III a)} \\
&\text{d)} \quad C_2H_2 = \tfrac{1}{3}\,C_6H_6 \; (g.) \quad &&\text{(,,} \qquad \text{,,} \quad \text{12, II a)} \\
&\text{e)} \quad C_2H_2 = \tfrac{1}{3}\,C_2H_6 + \tfrac{4}{3}\,C \quad &&\text{(,,} \qquad \text{,,} \quad \text{12, II b)} \\
&\text{f)} \quad C_2H_2 = H_2 + 2\,C \quad &&\text{(,,} \qquad \text{,,} \quad \text{12, I a).}
\end{aligned}
$$

Berechne nach der (1. Näherung) auch für diese Reaktionen die Temperaturen T, bei denen $N = 0$ wird.

14. Aufgabe.

Die relative Stabilität von Isomeren.

I. Ist n-Butan oder i-Butan stabiler (bei 25° C)?

Wie und warum (Entropie-Einfluß!) wird sich die bei Temperaturerhöhung verschieben? Berechne das Gleichgewicht n-/i-Butan bei 165° C.

II. Berechne W, ΔS und N für die Reaktion

$$\text{Maleinsäure (f.)} = \text{Fumarsäure (f.).}$$

Wie ist hier der Einfluß einer Temperaturerhöhung?

III. Wie ist die relative Stabilität von Hydrochinon (p), Resorcin (m) und Brenzkatechin (o) bei $25\,^\circ$C? Zeichne eine Skala der relativen Energieinhalte von o, m und p sowie eine Skala der Stabilität (des thermodynamischen Potentials).

IV. Was ist stabiler: C_2H_5OH oder CH_3OCH_3?

Macht es einen Unterschied, ob man flüssigen oder gasförmigen Alkohol ins Auge faßt?

V. Berechne W, $\varDelta S$, N und K für die Reaktion

$$\text{d-Milchsäure} = \text{l-Milchsäure.}$$

VI. Ist es thermodynamisch möglich, daß ein Katalysator bei $25\,^\circ$

$$\text{a) i-Butan in n-Butan}$$
$$\text{b) Fumarsäure in Maleinsäure}$$

umwandelt? Zu wieviel %?

15. Aufgabe.

Blei, Zink und Silber.

I. Um Silber aus (flüssigem) Blei zu gewinnen, wird es nach dem Verfahren von PARKES mit flüssigem Zink ausgezogen. Dabei lösen sich 0,6% Zink im Blei. Um dieses Zink aus dem Blei wieder zu entfernen, wird es durch Einblasen von Wasserdampf zu ZnO oxydiert.

Wie weit kann theoretisch der Zn-Gehalt des Bleis hierbei gesenkt werden, bevor auch das Blei sich zu oxydieren beginnt (bei $500\,^\circ$C)? Berechne für die Reaktionen a) und b)

$$\text{a) } Zn + H_2O \text{ (g.)} = ZnO + H_2$$
$$\text{b) } Pb + H_2O \text{ (g.)} = PbO + H_2$$

die Gleichgewichtskonstanten K_a und K_b ($= p_{H_2}/p_{H_2O}$) und hieraus den Faktor f, um den die Zn-Konzentration gesenkt werden kann.

II. Ist die Reduktion von ZnO zu Zn bei $500\,^\circ$C durch Überleiten von Wasserstoff möglich? Wieviel mal mehr H_2 als stöchiometrisch erforderlich wäre ist hierbei notwendig?

Desgleichen — für die Reduktion von PbO bei $500\,^\circ$?

III. Daß Ag_2O mit H_2 leicht reduziert werden kann, bedarf keines Beweises. Kann aber Ag_2S mit H_2 reduziert werden? Angeblich hat Silber eine große Affinität zum Schwefel. (Eine Berechnung ergibt allerdings, daß sie bei $25\,^\circ$ nur etwa doppelt so groß ist wie die Affinität zum Sauerstoff.) Wie groß ist die Gleichgewichtskonstante (z. B. bei 500° C) der Reaktion

$$c)\ 2\,Ag + H_2S = Ag_2S + H_2?$$

16. Aufgabe.

Die Dissoziation der Erdalkalicarbonate.

I. Berechne $W, \Delta S, N$ und den Dissoziationsdruck p für folgende Reaktionen bei 25° C (benutze als Bildungsenthalpie des $BaCO_3$ — 285 kcal. Der im D'Ans-Lax, S. 329 angegebene Wert von — 240,9 kcal ist falsch).

$$
\begin{aligned}
a)\ &MgCO_3 = MgO + CO_2 \\
b)\ &CaCO_3\ = CaO + CO_2 \\
c)\ &SrCO_3\ = SrO + CO_2 \\
d)\ &BaCO_3\ = BaO + CO_2.
\end{aligned}
$$

Wohin treibt die Energie, wohin die Entropie? Daher liegt das Gleichgewicht bei $T = 0$ wo?

II. Berechne W auch nach CLAUSIUS-CLAPEYRON aus den Dissoziationsdrucken (D'Ans-Lax, S. 883).

III. Berechne näherungsweise die Dissoziationstemperatur $T_{Diss.}$, bei der der Druck von 1 at erreicht wird.

17. Aufgabe.

Das NO-Gleichgewicht.

I. Welchem Grenzwert strebt das Gleichgewicht

$$N_2 + O_2 = 2\,NO\ \text{zu,}$$

a) bei Erniedrigung der Temperatur,

b) bei Erhöhung der Temperatur?

Die bei hohen Temperaturen in steigendem Maße auftretenden freien O- und N-Atome seien dabei außer Acht gelassen; es seien also nur die drei obengenannten Molekelarten in Betracht gezogen (man kann sich auch die Dissoziation in Atome durch Druck zurückgedrängt denken).

II. Wie sind die Zahlenwerte der Gleichgewichts-Konstanten $K = p_{NO}^2/p_{N_2} \cdot p_{O_2}$ und der NO-Ausbeute B in Mol-% des Endgemisches für die absoluten Temperaturen

$$0°,\quad 298°,\quad 1000°,\quad 3000°,\quad 5000°\ \text{und}\ \infty°\ K?$$

(K und B sind wieder ohne Rücksicht auf freie Atome zu berechnen.) Beachte, daß O_2 und N_2 in äquivalenten Mengen angenommen wurden. (Mit Luft sind die Ausbeuten geringer.)

18. Aufgabe.

$CS_2 (g.) + CO_2 = 2\,COS.$

I. Für diese Reaktion ist W praktisch gleich Null. Das Gleichgewicht wird also durch die Entropie beherrscht.

Wie groß müssen dann K, N und ΔS theoretisch sein? Hierbei sei vorausgesetzt, daß ΔS nur durch die Atomverteilung auf die Molekeln und nicht durch innermolekulare Umstände bedingt ist.

II. Vergleiche hiermit die aus den Angaben im D'Ans-Lax sich ergebenden Werte für 25°, 300° und 500° C.

19. Aufgabe.

Die O_2-Dissoziation.

Ergänzend zu Aufgabe Nr. 17 (NO-Gleichgewicht) verschaffen wir uns einen Einblick in die Frage, bei welcher Temperatur freie Atome auftreten werden, indem wir das Gleichgewicht

$$O_2 = 2\,O$$

für 3000° K und 5000° K berechnen. NO und besonders N_2 dissoziieren schwerer.

I. Berechne N und K_p für 298° K und extrapoliere zunächst mittels $dN/dT = -\Delta S =$ const. auf 3000 und 5000° K.

II. Diese Extrapolation wird ungenau sein, da die Molwärmen der Ausgangs- und Endstoffe recht verschieden sind. Wie groß ist die Molwärme der O-Atome? In welchen Grenzen muß die Molwärme der O_2-Molekeln liegen? Wir setzen vereinfachend die untere Grenze für Temperaturen unter 1000° K, die obere Grenze für Temperaturen oberhalb 1000° K und berechnen damit W und ΔS für 3000 und 5000° K und daraus N und den Dissoziationsgrad α bei 1 at.

20. Aufgabe.

Die Darstellung von Tetrachlorkohlenstoff
und Schwefelkohlenstoff.

I. Kann man

      a) Tetrachlorkohlenstoff
      b) Schwefelkohlenstoff

aus den Elementen herstellen? Berechne die Bildungsaffinitäten für 25° C und — da bei dieser Temperatur der Kohlenstoff sicher zu reaktionsträge ist — auch für 525° C und 1025° C. Bei diesen Temperaturen sind die Reaktionsteilnehmer gasförmig (außer C). Berechne daher mit nachstehenden Daten die Verdampfungsarbeit

$$A_D = - n \cdot 4{,}57 \cdot 298 \cdot \lg p_D \text{ cal}[1]$$

und die Verdampfungsentropie

$$\Delta S_D = (W_D - A_D)/298 \text{ cal/grad,}$$

beides für 25° und 1 at (vgl. hierzu Aufgabe Nr. 7).

Beim Schwefel ist die Berechnung sowohl für Verdampfung zu S_8- als auch S_2-Molekeln durchzuführen. Aus folgender Tabelle (D'Ans-Lax, S. 836) ergibt sich, daß wir bei 1 at und 25° sowie 525° mit S_8-Molekeln, bei 1025° mit S_2-Molekeln rechnen können:

Die Dampfdichte des Schwefels entspricht

$$
\begin{aligned}
\text{bei } 250° \text{ C und} \quad &9 \text{ Torr} \quad - S_{7{,}5} \\
,, \quad 400° \quad\quad ,, \quad &357 \quad ,, \quad - S_{7{,}2} \\
,, \quad 600° \quad\quad ,, \quad &40 \quad ,, \quad - S_{2{,}0} \\
,, \quad 850° \quad\quad ,, \quad &750 \quad ,, \quad - S_{2{,}05}.
\end{aligned}
$$

Daten zur Berechnung von A_D und ΔS_D:

	CCl_4	CS_2	Schwefel (pro *Grammatom*)
Verdampfungsenthalpie W_D bei 25° kcal. . .	$+ 7{,}9$ (D'-L., S. 310, 713)	$+ 6{,}8$ (S. 319)	$+\ 3$ (zu $\frac{1}{8} S_8$) $+ 15$ (zu $\frac{1}{2} S_2$) (S. 313)
Dampfdruck p_D bei 25° in at	$\dfrac{113}{760}$ at (D'.-L., S.827/73)	$\dfrac{365}{760}$ at (S. 869, 1511)	10^{-8} at (S. 864)

Ist CS_2 als instabile Verbindung explosiv durch Selbstzersetzung (wie C_2H_2)?

---

[1] Beim Schwefel ist $n = \frac{1}{8}$ bzw. $\frac{1}{2}$. Die Arbeit der Verdampfung beim Dampfdruck p_D ist stets $A_1 = 0$. Die Arbeit A_2 der Kompression von 1 Grammatom Schwefel vom Druck p_D auf den Standarddruck von 1 at bezieht sich bei S_8-Molekeln auf $\frac{1}{8}$ Mol.

Die Berechnung der Verdampfungsarbeit S (rhomb.) $= \frac{1}{2} S_2$ (25°, 1 at) ist nur indirekt möglich: Aus den Daten im D'Ans-Lax, S. 313, ergibt sich die Entropie dieses Verdampfungsvorganges $\Delta S_v = - 7{,}64 + \frac{1}{2} 54{,}4 = + 19{,}6$ Cl.

II. Berechne auch die Affinitäten der Reaktionen

$$\text{c) } CHCl_3 \text{ (g.)} + Cl_2 = CCl_4 \text{ (g.)} + HCl$$
$$\text{für } 25^\circ \text{ C und } 525^\circ \text{ C}$$
$$\text{d) } CS_2 \text{ (g.)} + 2\,Cl_2 = CCl_4 \text{ (g.)} + 2\,S \text{ (fl.)}$$
$$\text{für } 25^\circ \text{ C, } 225^\circ \text{ C und } 425^\circ \text{ C,}$$

nach denen Tetrachlorkohlenstoff technisch dargestellt wird.

Für flüssigen Schwefel beträgt nach D'Ans-Lax, S. 313 die Bildungsenthalpie 0,386 kcal pro Grammatom, die Bildungsentropie $386/298 = 1,30$ Cl. pro Grammatom. (Diese Schmelzentropie ist so klein, weil beim Schmelzen S_8-Molekeln erhalten bleiben. Die molare Schmelzentropie beträgt $8 \cdot 1,3 = 10,3$ Cl.). Die Extrapolation der Affinität der Reaktion (d) auf höhere Temperatur ist unsicher, weil die Molwärme des flüssigen Schwefels vermutlich sehr groß ist: Sprengung der S_8-Ringe beim Erwärmen.

21. Aufgabe.

Silbersalze.

I. a) Ist Silber gegen Luftsauerstoff nur kinetisch beständig oder auch thermodynamisch stabil?

Berechne auch die Dissoziationstemperatur des Silberoxyds Ag_2O.

Für die Reaktion $2\,Ag + {}^1/_2\,O_2 = Ag_2O$ ist die Berechnung auch für einen O_2-Druck von ${}^1/_5$ at durchzuführen.

b) Bei 300° C ist es praktisch möglich, Ag_2O aus Silberpulver und Sauerstoff herzustellen. Wie groß muß der O_2-Druck mindestens sein?

II. Welches Silberhalogenid ist am leichtesten in die Elemente zu zersetzen? Berechne W, $\varDelta S$ und N für folgende Reaktionen. Für (a) und (d) annähernd auch die Dissoziationstemperaturen.

$$\text{a) } AgCl = Ag + {}^1/_2\,Cl_2$$
$$\text{b) } AgBr = Ag + {}^1/_2\,Br_2 \text{ (fl.)}$$
$$\text{c) } AgJ \;= Ag + {}^1/_2\,J_2 \text{ (f.)}$$
$$\text{d) } AgJ \;= Ag + {}^1/_2\,J_2 \text{ (g.)}$$

22. Aufgabe.

Zur Photochemie der Silberhalogenide.

I. Die Energie von N_L ($= 6,02 \cdot 10^{23}$) Lichtquanten beträgt $E = N_L \cdot h\,\nu = 2,85 \cdot 10^{-3}/\lambda$ kcal, also für die Wellenlängen

$\lambda =$	$4 \cdot 10^{-5}$	$5,68 \cdot 10^{-5}$	$8 \cdot 10^{-5}$ cm
	(Violett)	(Na-Gelb)	(letztes Rot)
$E =$	70	50	35 kcal.

2*

Hiernach und nach Aufgabe 21 müßten alle Ag-Halogenide schon durch rotes Licht zersetzt werden. Jedoch kann ein Lichtquant das Halogenid zunächst nicht zu Halogenmolekeln zersetzen, sondern zu Atomen. Berechne daher N für die Reaktionen

$$AgX = Ag + X \text{ (atomar)}$$

mit $X = Cl$, Br, bzw. J.

II. Auch nach diesen Berechnungen sollten die Silberhalogenide noch gegen recht langwelliges Licht empfindlich sein. Warum sind sie es nicht?

23. Aufgabe.

Zum Reaktionsmechanismus der
Halogenwasserstoff-Bildung.

Die Bildung der Halogenwasserstoffe HX aus H_2 und X_2 kann auf zwei Wegen erfolgen. Entweder durch direkte Reaktion der beiden Molekeln:

1. $H_2 + X_2 = 2\,HX$

oder auf dem Wege einer Kettenreaktion:

2. a) X_2 (g.) $= 2\,X$ Startreaktion
    b) $X + H_2 = HX + H$
    c) $H + X_2 = HX + X$ Kette.

Die Kettenreaktion, die einen großen Umsatz ergibt (10^3 bis 10^6 Kettenglieder), überwiegt bei der HCl- und HBr-Bildung, bei dieser allerdings schon behindert; bei der HJ-Bildung spielt nur der Weg (1) eine Rolle.

Wie ist dieses unterschiedliche Verhalten des Reaktionsweges (2) aus den Energieumsätzen der Teilreaktionen (a), (b) und (c) zu erklären? Berechne W, ΔS, N und $\lg K_p$ dieser Teilreaktionen für Chlor, Brom und Jod: für (a) und (b) auch bei 500° C.

24. Aufgabe.

Energiespeicherung und -transport im lebenden Organismus.

Die vor allem in Form von Kohlenhydraten gespeicherte Energie der Organismen muß — ebenso wie der Energievorrat im Kohlenbunker eines Industriewerkes — im allgemeinen in andere Energieformen umgewandelt werden, um den jeweiligen Bedürfnissen angepaßt und gegebenenfalls auch transportfähig gemacht zu werden.

Die beim Abbau der Kohlenhydrate freiwerdende Energie
(Affinität) wird vom organischen Leben zur Synthese energiereicher Molekeln, die also nur unter Arbeitsaufwand aufgebaut
werden können und die dann als sekundäre Energiequelle dienen,
benutzt. Vor allem werden Phosphorsäure-Ester und -Säureanhydride aufgebaut, die bei der Hydrolyse große Energiebeträge
liefern. Als Beispiel sei die Enol-Phosphobrenztraubensäure

$$CH_2{=}C{-}COOH$$
$$\phantom{CH_2{=}C{-}}|$$
$$\phantom{CH_2{=}}O{-}PO(OH)_2$$

genannt, deren Hydrolyse zu Brenztraubensäure und Phosphorsäure eine Grundaffinität[1] von $N = -16$ kcal aufweist. Solche
Molekeln können wie geladene Akkumulatoren an den Ort des
Bedarfs transportiert und im Bedarfsfall durch ein Enzym an
die energiebedürftige Stelle „angeschlossen“ werden. Oft wird
die dabei abgespaltene Phosphorsäure nicht in Freiheit entlassen,
sondern in einer „energiearmen“ Verbindung festgehalten[2]. Bezeichnen wir durch das von LIPMANN vorgeschlagene Symbol
$R \cdot O{\sim}ph$ eine energiereiche Phosphorsäureverbindung und die mit
einem anderen Alkohol $R'OH$ gebildete energiearme Verbindung
mit $R' \cdot O{-}ph$, so wird in diesem Fall die energieliefernde Reaktion
durch

$$R \cdot O \sim ph + R'OH = R \cdot OH + R' \cdot O - ph$$

dargestellt.

Energiearm sind die Ester der Phosphorsäure mit den OH-
Gruppen der Zucker, des Glycerins und anderer Alkohole. Die
Grundaffinität der Hydrolyse dieser Ester beträgt nur etwa
$- 3$ kcal pro Mol. *Energiereich* sind die Ester, wenn — wie im Falle
der Enolbrenztraubensäure — die OH-Gruppe sich an einem
doppelt gebundenen C-Atom befindet. Ferner, wenn die OH-
Gruppe, an die die Phosphorsäure unter Wasseraustritt gebunden
ist, einer Carboxylgruppe angehört, wenn es sich also um ein
gemischtes Säureanhydrid handelt, wie z. B. beim Acetylphosphat

$$CH_3 \cdot CO \cdot O \cdot PO(OH)_2 \quad (= CH_3 \cdot CO \cdot O \sim ph).$$

Energiereich ist schließlich die Bindung von Phosphorsäure an
Stickstoff, wie z. B. im Kreatinphosphat, das als Energiequelle
benutzt wird, wenn eine besonders plötzliche Energielieferung

---

[1] Die Grundaffinität ist hier bezogen auf den Grundzustand einer
Reaktionsteilnehmer-Konzentration von 1 Mol pro Liter. Der Reaktionsteilnehmer H_2O natürlich im Grundzustand des reinen Wassers.

[2] In der energie*armen* Verbindung ist die Phosphosräure *stärker* gebunden! Ihre Abspaltung liefert weniger Energie.

erforderlich ist, wie in Muskeln, Nerven, auch den elektrischen Organen der Fische. Das beim Energieeinsatz hydrolisierte Kreatin~ph wird durch die freie Energie des Zerfalls von Glykogen in Milchsäure wieder aufgebaut, so wie die plötzlich entladene Starterbatterie eines Kraftwagens allmählich wieder aufgeladen wird. Die Grundaffinität des Glykogenzerfalls beträgt pro Mol Milchsäure — 33 kcal. Damit können 2 Mole Kreatin~ph wieder aufgebaut werden. — In Wirklichkeit gehen diese Reaktionen über Zwischenstufen vor sich, wobei noch andere chemische Stoffe eingeschaltet werden.

I. Wie groß ist größenordnungsmäßig die Gleichgewichtskonstante der Hydrolyse der energiearmen Phosphate, nach

$$\text{Phosphorsäureester } (+ \, H_2O) = \text{Alkohol} + \text{Phosphorsäure,}$$

wenn die Affinität dieser Reaktion etwa — 3 kcal beträgt?

Für die energiereichen Phosphate beträgt die Hydrolysenaffinität — 12 bis — 16 kcal, im Mittel — 14 kcal. Berechne die Gleichgewichtskonstante.

II. Fr. Lipmann berechnete 1941 die freie Energie (Grundaffinität) der Hydrolyse der Enol-Phosphorbrenztraubensäure aus nachfolgenden Daten. Hierbei bedeutet

B = Brenztraubensäure
B~ph = Enol-Phosphobrenztraubensäure
G = Glycerinsäure
G–2–ph = 2-Phosphoglycerinsäure:

$$CH_2OH \cdot CH(O \cdot PO_3H_2) \cdot COOH.$$

a) In wässeriger Lösung ist für die Reaktion

$$B\!\sim\!ph + H_2O = G\!-\!2\!-\!ph$$

die Gleichgewichtskonstante $K_c = 1$.

b) Für die Hydrolyse von G–2–ph zu G und Phosphorsäure ist $\mathcal{N}_b = -3000$ cal.

c) Die Affinität $\mathcal{N}_c$ der Dehydration von G zu B ergibt sich aus den Verbrennungswärmen von G (285 500 cal) und von B (279 000 cal); aus der zu $\Delta S = +5,8$ cal/grad geschätzten Entropie dieser Reaktion und aus der Annahme, daß die für die reinen Stoffe G und B berechneten Affinität $\mathcal{N}_c$ auch für die in wässeriger Lösung befindlichen Stoffe gilt, da beide Stoffe G und B Flüssigkeiten sind, die sich mit Wasser in jedem Verhältnis mischen.

Berechne aus diesen Angaben die Affinität der Reaktion

$$B\!\sim\!ph \text{ (in 1m-Lösung)} + H_2O = B \text{ (in 1m-Lösung)} + \text{Phosphor-}$$
$$\text{säure (in 1m-Lösung).}$$

25. Aufgabe.

EMK-Berechnungen.

I. a) Berechne die elektromotorische Kraft E der galvanischen Kette $H_2(Pt)$ / 1 n-HCl / $Cl_2(Pt)$ für $25°C$ aus der Affinität der Reaktion

$$H_2 \,(1\ \text{at}) + Cl_2 \,(1\ \text{at}) = 2\,HCl \,(10^{-6,5}\ \text{at}),$$

d. h. also unter der Annahme, daß eine 1 n-HCl mit HCl-Gas von $10^{-6,5}$ at im Gleichgewicht steht. (Genau genommen bezieht sich diese Angabe auf den HCl-Partialdruck einer Salzsäure der *Aktivität* 1. Doch ist der HCl-Partialdruck einer 1 n-HCl nur unwesentlich kleiner, etwa $10^{-6,6}$ at).

b) Wie gestaltet sich die Rechnung, wenn die Reaktion

$$^1/_2\,H_2 \,(1\ \text{at}) + {}^1/_2\,Cl_2 \,(1\ \text{at}) = HCl \,(10^{-6,5}\ \text{at})$$

der Berechnung zugrunde gelegt wird ?

c) Wie groß wäre die EMK bei Verwendung von rauchender HCl (mit einem HCl-Druck von 1 at) ?

II. Berechne aus den Reaktionsaffinitäten die EMK der galvanischen Ketten

a) Ag / gesätt. AgCl-Lsg. / Cl_2 (1 at, an Pt)
b) Ag / gesätt. AgBr-Lsg. / Br_2 (fl., an Pt)
c) Ag / gesätt. AgJ-Lsg. / J_2 (f., an Pt).

Hängt die theoretische EMK dieser Ketten davon ab, worin die Silberhalogenide gelöst sind ? — Berechne die EMK dieser Ketten auch aus den Normalpotentialen der Halogene und des Silbers und den Löslichkeitsprodukten der Silberhalogenide.

III. Berechne die reversiblen Redoxpotentiale E_0 der Systeme Chinon/Hydrochinon, C_2H_2/C_2H_4, C_2H_4/C_2H_6 (allgemein Ox/Red) aus den Grundreaktionsarbeiten der Reaktion Ox $+ H_2 =$ Red und aus den Löslichkeiten von Ox und Red in Wasser. Chinon hat eine 5mal kleinere Löslichkeit als Hydrochinon, C_2H_2 eine 8,6mal größere Löslichkeit als C_2H_4, dessen Löslichkeit ist 2,6mal größer als die des C_2H_6 (s. D'Ans-Lax, S. 970).

Die Grundreaktionsarbeit ($N = E\,v\,F$) liefert die Spannung E einer Kette

Redoxelektrode / 1 n-Wasserstoffelektrode,

wenn sie folgenden Bedingungen entspricht:

a) Die bei Stromfluß in der Redoxelektrode verschwindenden (oder entstehenden) H^+-Ionen müssen im gleichen Zustand sein, wie die in der Wasserstoffelektrode entstehenden (verschwindenden) H^+-Ionen. Man erhält also aus N den Betrag von E für eine Redoxlösung mit $p_H = 0$.

b) Zudem müssen in der Redoxlösung Ox und Red in gesättigter Konzentration vorliegen (im Gleichgewicht mit Ox und Red im Grundzustand). Das Redox*normal*potential E_0 wird jedoch auf *gleiche* Konzentrationen (Aktivitäten) von Ox und Red bezogen. Um E_0 zu erhalten, muß also zu N noch die Restreaktionsarbeit N_{Rest} hinzuaddiert werden, die sich für das Gleichmachern beider Konzentrationen ergibt:

$$N_{Rest} = R\,T \ln \frac{[\mathrm{Ox}]_{\text{gesätt.}}}{[\mathrm{Red}]_{\text{gesätt.}}},$$

wenn für diese meist wenig ins Gewicht fallende Verdünnungsarbeit ideales Verhalten angenommen wird.

IV. Berechne die theoretische EMK bei $25°\,\mathrm{C}$ für die Brennstoffelemente[1] mit den Reaktionen

$$\text{a) } C + O_2 = CO_2 \qquad \text{b) } CO + {}^1\!/_2\,O_2 = CO_2.$$

Kann man es den Reaktionsgleichungen ansehen, welches dieser beiden Elemente einen merklichen Temperaturkoeffizienten der EMK aufweisen muß? Vorzeichen dieses? Berechne die EMK beider Ketten auch für $1025°\,\mathrm{C}$ (in erster Näherung).

26. Aufgabe.

$$N = \left(\frac{\partial G}{\partial \lambda}\right)_{p,\,T} = \left(\frac{\partial F}{\partial \lambda}\right)_{v,\,T}.$$

Beweise an Hand der galvanischen Kette Ag/gesätt. AgCl-Lsg./ Cl_2, daß es zwei Wärmetönungen (W_p und W_v) gibt, je nachdem, ob der Vorgang

$$Ag + {}^1\!/_2\,Cl_2 = AgCl$$

bei konstantem Druck oder konstantem Volumen vor sich geht, daß es aber nur *eine* Affinität gibt.

Zur Durchführung dieser Berechnung seien einige Erläuterungen vorausgeschickt.

Wir stellen uns vor, der Chlorvorrat der galvanischen Kette sei in einem Vorratszylinder untergebracht. Der Kolben des Zylinders sei frei beweglich (Reaktion bei konstantem Druck), könne aber auch festgestellt werden (Reaktion bei konstantem

---

[1] Die Reaktionsträgheit dieser Brennstoffelemente bedingt, daß sie nur bei hoher Temperatur arbeiten. Die hierbei auftretenden Materialschwierigkeiten und Heizungskosten haben eine technisch brauchbare Konstruktion bisher nicht finden lassen.

Volumen). Die EMK der Kette ist offenbar unabhängig davon, ob der Kolben festgestellt ist oder nicht. Es ist also auch die Affinität $\mathfrak{N} = E \cdot v\,F$ in beiden Fällen die gleiche.

Warum gibt es aber 2 Wärmetönungen? Sie müssen sich ja, da $^1/_2$ Mol Gas verschwindet, um den Betrag $^1/_2\,RT = 296$ cal unterscheiden.

Die Wärmetönungen (ebenso auch die Affinität) sind nur dann definiert, wenn der Zustand der Anfangs- und Endstoffe der Reaktion definiert ist. Also darf sich während der Reaktion nur die Menge, nicht aber der *Zustand* dieser Stoffe ändern. Es muß also auch der Cl_2-Druck unverändert bleiben, während die Reaktion läuft. Wird das Volumen konstant gehalten, so bleibt der Druck nur konstant, wenn der Cl_2-Vorrat (m Mole) sehr viel größer ist als die Menge des verbrauchten Chlors (n Mole, hier $n = {}^1/_2$). Der Vorrat an Chlor muß also „unendlich" groß sein (oder aber man setzt nur einen infinitesimalen Bruchteil $d\lambda$ des vollen Formelumsatzes $[\lambda = 1]$ um).

Zur Berechnung der Differenz $W_p - W_v$ (und einer eventuellen analogen Differenz bei den Affinitäten und Reaktionsentropien) zerlegen wir den Vorgang des Reaktionsablaufes bei *konstantem Druck* in zwei Teilvorgänge:

1. Ablauf der Reaktion bei *konstantem Volumen*, wobei der Cl_2-Druck um einen infinitesimalen Betrag von p auf $p - dp$ sinkt.

2. Rückführung des Druckes von $p - dp$ auf p durch isotherme Kompression des Chlorvorrates, wobei also das Volumen des Vorrates um das Volumen, das n Mole (hier $n = {}^1/_2$) einnehmen, vermindert werden muß.

Die Wärme-, Arbeits- und Entropie-Umsätze des Teilvorganges (2) liefern die zu berechnenden Differenzen $W_p - W_v$ usw.

Wie lauten also die GIBBS-HELMHOLTZschen Gleichungen allgemein sowie mit den Zahlenwerten für die betrachtete Reaktion

a) beim Ablauf bei konstantem Druck
b) bei konstantem Volumen?

27. Aufgabe.

Berechnung von Aktivitäten. (A).

Siehe hierzu den Anhang.

I. a) Wie ändern sich die Aktivität und das chemische Potential von Zucker, wenn eine verdünnte wässerige Lösung auf das 10fache Volumen verdünnt wird?

b) Desgleichen für NaCl in verdünnter wässeriger Lösung?

c) Desgleichen für $CaCl_2$ in sehr verdünnter wässeriger Lösung ? (Gefragt wird nach der Änderung der Aktivitäten und chemischen Potentiale der „*Stoffe*" NaCl und $CaCl_2$, nicht der Ionen.)

II. a) Beim Siedepunkt T' einer verdünnten wässerigen Lösung eines nichtflüchtigen Stoffes ist ihr Dampfdruck $p' = 1$ at. Der Dampfdruck des *reinen* Wassers bei der Temperatur T' sei p_0, die Aktivität des Wassers sei hierbei $a_0 = 1$. Wie groß ist die Aktivität a des Wassers der siedenden Lösung ? — Wie groß ist a bei einer bei 101,00° C siedenden Lösung ? (Siehe D'Ans-Lax, S. 867.)

b) Beim Gefrierpunkt T' einer verdünnten wässerigen Lösung ist der Dampfdruck des Wassers gleich dem des (reinen) Eises. Wie groß ist die Aktivität des Wassers einer bei $-1,00°$ C gefrierenden Lösung ? (Siehe D'Ans-Lax, S. 868.)

III. Molekulargewichtsbestimmungen in wässeriger Lösung kann man auch durch Bestimmung der Erniedrigung $\varDelta T_u$ der Umwandlungstemperatur T_u der folgenden Reaktion durchführen[1].

$$1/10 \ Na_2SO_4 \ (A) + 1 \ H_2O = 1/10 \ Na_2SO_4 \cdot 10 \ H_2O \ (B). \qquad (1)$$

Wasser, das A und B als Bodenkörper enthält, nimmt (gut gerührt) die Temperatur $T_u = 32,38°$ C $= 305,5°$ K an. Enthält das Wasser zudem einen weiteren darin aufgelösten Stoff (m Mole auf 1000 g H_2O), so wird die Aktivität (der Dampfdruck) des Wassers dadurch erniedrigt. Wie bei der Gefrierpunktserniedrigung liegt die nunmehr erniedrigte Umwandlungstemperatur T'_u beim Schnittpunkt der Dampfdruckkurve der Lösung mit der Dampfdruckkurve des Natriumsulfat-Hydrates (statt der des Eises bei der Gefrierpunktserniedrigung). Statt der kryoskopischen Konstanten tritt die Konstante

$$E_u = \frac{RT_u^2}{1000 \, w} = \frac{185,3}{w},$$

worin w die auf 1 g Wasser bezogene Wärmetönung der Reaktion (1) ist. $\varDelta T_u = m \cdot E_u$.

a) Wie groß ist diese Konstante E_u ?

b) Vergleiche die Entropieänderung $\varDelta S_1$ des Wassers beim Übergang in den Zustand des Kristallwassers im Glaubersalz mit der Entropieänderung $\varDelta S_2$ bei Übergang in Eis.

IV. Wie ändern sich die Aktivität und das chemische Potential von flüssigem Wasser und von Benzol, wenn der Druck von 1 at

---

[1] Siehe R. Löwenherz: Z. physik. Chem. **18** (1895) 71; K. F. Jahr u. R. Kubens: Z. Elektrochem. **56** (1952) 65.

auf 100 at erhöht wird (bei 25° C)? Desgleichen für Wasser und Eis bei 0° C (Molvol. 18,019 bzw. 19,64)?

28. Aufgabe.

Berechnung von Aktivitäten. (B).

(Siehe hierzu den Anhang.)

I. Für den Aktivitätskoeffizienten f eines Gases gilt annähernd $f \cong p_{real}/p_{ideal}$. Wie groß ist der Aktivitätskoeffizient von Ammoniak bei 100 at und 300° C (siehe D'Ans-Lax, S. 831)?

Warum kann bei der technischen NH_3-Synthese aus N_2 und H_2 mehr NH_3 gewonnen werden, als sich aus dem unkorrigierten Massenwirkungsgesetz berechnet?

II. Wie groß sind die Aktivitäten von Brom (fl.) und von gesättigtem Bromdampf bei 25° C a) bezogen auf den Grundzustand $a = 1$ bei p_{Br_2} (idealisiert) $= 1$, b) bezogen auf den Grundzustand reinen flüssigen Broms? Der Dampfdruck des Broms beträgt bei 25° C 212 Torr.

III. Wie groß ist die Aktivität von Benzol, in dem ein beliebiger Stoff mit der Konzentration von 1 Mol-% gelöst ist?

IV. Wie groß sind die Aktivitäten von Wasser und von Diäthyläther, wenn beide Flüssigkeiten im heterogenen Gemenge (gegenseitig gesättigt) vorliegen bei 20° C? (siehe D'Ans-Lax, S. 959).

V. Zink löst sich in Quecksilber zu 3 Gew.-% $= 8,7$ Mol-%. Wie groß sind die Aktivitäten des Zn und des Hg in dieser gesättigten Lösung, a) wenn beide Aktivitäten auf den Grundzustand der reinen Stoffe bezogen werden, b) wenn für das Zink die Aktivität gleich der Molenbruch-Konzentration gesetzt wird?

Wie groß ist die Affinität der Auflösung von 1 Grammatom Zink in einer sehr großen Menge eines a) 3proz. Zinkamalgams, b) 0,3proz. Zinkamalgams?

VI. Wie groß ist ΔU in Gramm (siehe Anhang, S. 67/68)

a) bei einer Reaktion mit $\Delta U = 100$ kcal?

b) bei der Atomreaktion $4 H = He$?

VII. Berechne für die Reaktion $CaO + CO_2 = CaCO_3$ (bei 1 at und 25° C) die Größen der Gleichung

$$N = -\mu_{CaO} - \mu_{CO_2} + \mu_{CaCO_3} = -{}^{B}N_{CaO} - {}^{B}N_{CO_2} + {}^{B}N_{CaCO_3}.$$

(Siehe Anhang, S. 69/70.)

29. Aufgabe.

Die EMK des Bleiakkumulators.

Die elektrische Energie des arbeitenden Akkumulators wird der Affinität der chemischen Reaktion

$$PbO_2 + Pb + 2\,H_2SO_4 = 2\,PbSO_4 + 2\,H_2O$$

zugeschrieben.

I. Berechne W, ΔS und $\mathcal{N}$ für diese Reaktion. Welche Spannung E des Akkumulators ergäbe sich aus der berechneten Grundaffinität? Warum ist die tatsächliche Spannung des Akkumulators kleiner?

II. Auch die berechnete Grundreaktilnswärme W entspricht nicht der tatsächlichen Reaktionsenthalpie des Akkumulators. Berechne diese (W) durch Hinzuaddieren der Restreaktionswärmen $^R W_i$ zu W. Der Akkumulator sei mit einer 3 m-H_2SO_4[1] gefüllt. Die Mischungswärme

$$1\ \text{Mol}\ H_2SO_4 + 16{,}3\ \text{Mole}\ H_2O \rightarrow 3\ \text{m-}H_2SO_4$$

beträgt $W_M = -\,16{,}8$ kcal pro Mol H_2SO_4.

III. Der Temperaturkoeffizient der Spannung E eines Akkumulators mit einer 3 m-H_2SO_4 beträgt $dE/dT = +\,2{,}7\cdot 10^{-4}$ Volt/Grad. Wie groß sind $\mathcal{N}$ und E, wenn $W = -\,89{,}6$ kcal ist (s. II).

IV. Ein anderer Weg zur Berechnung von $\mathcal{N}$ und E bietet sich, indem man zu der Grundaffinität $\mathcal{N}$ die Restaffinitäten $^R A_i$ addiert. Dies ist wiederum für die Stoffe H_2O und H_2SO_4, die im Akkumulator nicht im Grundzustande vorliegen, durchzuführen.

Berechne die Aktivität a' und das chemische Potential μ' des Wassers in der 3 m-H_2SO_4 (siehe D'Ans-Lax, S. 867 und 888). Für reines Wasser setzen wir $a = 1$ und $\mu = \boldsymbol{\mu}$. — Ist die hierdurch bedingte Affinitätsänderung der Akkumulatorenreaktion erheblich?

V. Wesentlich stärker fällt die Aktivitätsverminderung der Schwefelsäure in der 25proz. Lösung ins Gewicht. Doch ist das Aktivitätsverhältnis a'/a der Schwefelsäure in der Lösung zu der der reinen Säure aus sonstigen Messungen nicht bekannt. (Der H_2SO_4-Partialdruck der 3 m-Säure ist viel zu klein um gemessen zu werden.) Man benutzt daher umgekehrt die zu 2,03 Volt

---

[1] Entsprechend 294 g H_2SO_4 pro Liter. Dichte 1,741 bei 25° (D'Ans-Lax, S. 776). Also 294 g H_2SO_4 in 1174 g Säure, entsprechend 25,0 Gew.-% H_2SO_4. In Molen: 16,3 Mole H_2O auf 1 Mol H_2SO_4.

gemessene Spannung des Akkumulators mit einer 3 m-H_2SO_4 im Vergleich zu der für H_2SO_4 im Grundzustand berechneten Spannung, um die Aktivität a' zu berechnen. Wie groß ist a', wenn $a = 1$ gesetzt wird?

30. Aufgabe.

Gashydrate.

I. Wie lautet das mit Aktivitäten formulierte Massenwirkungsgesetz für die Reaktion

$$Cl_2\,(g.) + 6\,H_2O\,(fl.) = Cl_2 \cdot 6\,H_2O\,(f.),$$

wenn die Aktivität des Wassers nicht als konstant angenommen werden kann, sondern z. B. durch Auflösen von NaCl verändert wird?

II. Da die Gashydrate von anhaftendem Wasser schwer zu befreien sind, haben Analysen des Chlorhydrates Formeln von $Cl_2 \cdot 6\,H_2O$ bis $Cl_2 \cdot 18\,H_2O$ ergeben. Eine indirekte Bestimmung der Formel ist möglich, wenn man einerseits den Dissoziationsdruck des Hydrates (d. h. die Cl_2-Aktivität a_{Cl_2}) im Gleichgewicht mit reinem Wasser bestimmt, andrerseits im Gleichgewicht mit NaCl-haltigem Wasser (a'_{Cl_2}).

Welchen Betrag hat die H_2O-Aktivität a'_{H_2O} einer 1 m-NaCl-Lösung bei $0°\,C$, wenn der Dampfdruck des reinen Wassers 4,579 Torr, der der NaCl-Lösung 4,440 Torr beträgt?

Welchen Betrag hat die Aktivität des Chlors über dem Hydrat und wie groß ist x in der Hydrat-Formel $Cl_2 \cdot xH_2O$, wenn bei $0°$ folgende Dissoziationsdrucke gemessen werden:

a) $p = 252$ Torr für das System $Cl_2 \cdot xH_2O - H_2O$ (NaCl-frei)
$- Cl_2\,(g.)$.

b) $p' = 304$ Torr für das System $Cl_2 \cdot xH_2O - H_2O$ (1 m-NaCl-Lösung) $- Cl_2\,(g.)$.

Von dem bei (a) und (b) praktisch gleich großen Cl_2-Gehalt des Wassers und von dem Wasserdampfgehalt des Chlorgases sei bei der Rechnung abgesehen.

III. Die Aktivität des Wassers kann unterhalb von $0°\,C$ auch dadurch variiert werden, daß einmal flüssiges unterkühltes Wasser, ein anderes mal Eis im heterogenen Gleichgewicht zugegen ist. Der Dissoziationsdruck des Chlorhydrates beträgt

	bei $+5°$	$0°$	$-5°$
a) in Gegenwart von Wasser	421	252	148 Torr
b) in Gegenwart von Eis	—	252	197 Torr.

Berechne hieraus nach Clausius-Clapeyron die Wärmetönungen W_a und W_b für die Reaktionen

$$\text{a) } Cl_2 \text{ (g.)} + xH_2O \text{ (fl.)} = Cl_2 \cdot xH_2O$$
$$\text{b) } Cl_2 \text{ (g.)} + xH_2O \text{ (fest)} = Cl_2 \cdot xH_2O.$$

Berechne ferner für $0°\,C$ die Grundaffinitäten N_a und N_b sowie die Reaktionsentropien ΔS_a und ΔS_b.

IV. Aus den in (III) ermittelten Wärmetönungen W_a und W_b ergibt sich auf Grund des Hessschen Satzes der Wassergehalt x des Chlorhydrates. Wie? (Die Schmelzwärme des Wassers beträgt 1437 cal für 1 Mol.)

Man kann x auch wie in (II) berechnen, indem man das Aktivitätsverhältnis von flüssigem und festem Wasser aus den Dampfdrucken bei z. B. $-5°$ (siehe D'Ans-Lax, S. 868) ermittelt).

V. Wie lautet die Formulierung des MWG mit den *chemischen Potentialen* für die betrachtete Reaktion, und wie gestaltet sich die Aufgabe (II) hiermit?

31. Aufgabe.

Reziproke Salzpaare.

Schätze und berechne W, ΔS_g und N für die folgenden Reaktionen **I** bis **V** zwischen den festen Salzen:

I. $NaCl + AgNO_3 = AgCl + NaNO_3.$

Welchen Einfluß hat der Zusatz von wenig Wasser auf die Affinität und auf die Geschwindigkeit dieser Reaktion?

II. $NaCl + \frac{1}{2}\,K_2SO_4 = KCl + \frac{1}{2}\,Na_2SO_4.$

III. $NaCl + \frac{1}{2}\,K_2SO_4 + 5\,H_2O = KCl + \frac{1}{2}\,Na_2SO_4 \cdot 10\,H_2O$

Warum ist hier ΔS merklich von null verschieden?

Die Affinitäten der Reaktionen II und III müßten bei $32,38°\,C$ gleich werden (warum?). Stimmen die ermittelten Zahlenangaben hiermit überein?

IV. $NaCl + KBr = KCl + NaBr.$

Ändert Zusatz von Wasser die Affinität? (NaBr bildet ein Hydrat, siehe D'Ans-Lax, S. 917). Kann sich dadurch das Vorzeichen von N umkehren?

V. $\text{a) } BaCO_3 + Na_2SO_4 = BaSO_4 + Na_2CO_3$
$\text{b) } SrCO_3 + Na_2SO_4 = SrSO_4 + Na_2CO_3$
$\text{c) } CaCO_3 + Na_2SO_4 = CaSO_4 + Na_2CO_3.$

Diese Reaktionen sind für die analytische Chemie von Bedeutung. Hierbei wird mit kochenden Na_2SO_4—Na_2CO_3-Lösungen gearbeitet.

Wird die erhöhte Temperatur die Affinitäten merklich ändern ?

Welche Veränderung erfahren die Bodenkörper in Gegenwart von Wasser bei 100° C (siehe D'Ans-Lax, S. 919—928) ? Hat dies auf die Affinitäten einen merklichen Einfluß ?

Wenn schließlich so viel Wasser zugegen ist, daß die Natriumsalze nicht als Bodenkörper vorliegen, wenn aber die siedende Lösung etwa die gleichen Mengen an Na_2SO_4 und Na_2CO_3 enthält — hat dies einen wesentlichen Einfluß auf die Affinitäten ?

Um welchen Betrag ändern sich die Affinitäten annähernd, wenn die Lösung an Na_2CO_3 gesättigt ist, aber an Na_2SO_4 nur $^1/_{10}$ (bzw. $^1/_{100}$, bzw. $^1/_{1000}$) der Sättigungskonzentration enthält ?

Lösungen der Aufgaben.

1. Aufgabe.

Alle Zahlenangaben beziehen sich auf $25°$ C.

I. a) $W = -22,00$ kcal; $\varDelta S = -47,7$ cal/grad; $N = -7,8$ kcal
   b) $\quad\ -11,00 \qquad\qquad -23,8 \qquad\qquad -3,9$

Da die Entropie stark „nach links" zieht (dort mehr Gasmole), also der Energie entgegenwirkt, ist die Affinität erheblich kleiner als die Wärmetönung.

Als *Bildungs*-Wärme, -Entropie und -Arbeit werden die oben unter (b) angegebenen Beträge bezeichnet.

II. 1 a) $N_{\text{Rest}} = +2\,RT\ln 0,1 = -2\cdot 4,57\cdot 298$ cal $= -3,13$ kcal.

$$N = -7,8 - 3,13 = -10,9 \text{ kcal}$$
$$\text{b)}\ \ N = -3,9 - 1,6\ \ = -5,5 \text{ kcal}$$
$$2\,\text{a)}\ \ N = -7,8 + 6,26 = -1,5 \text{ kcal}$$
$$\text{b)}\ \ N = -3,9 + 3,13 = -0,8 \text{ kcal}$$
$$3\,\text{a)}\ \ N = -7,8 + 3,13 = -4,7 \text{ kcal}$$
$$\text{b)}\ \ N = -3,9 + 1,6\ \ = -2,3 \text{ kcal}$$

III. 1. $N_{\text{Anfang}} = \infty$, dann sinkt N auf $N = 0$ (Gleichgewicht).
   2. $N_{\text{Anfang}} = -7,8$ kcal (a), bzw. $-3,9$ kcal (b).

Jeder Affinitätsbetrag bezieht sich auf einen bestimmten Zustand. Wollen wir ihn z. B. auf den Anfangszustand beziehen und ihn andrerseits für einen vollen Formelumsatz gewinnen, so müssen wir uns eine unendlich große Menge der Reaktionsmischung denken, damit beim Umsatz keine Änderung der Partialdrucke erfolgt. Oder wir denken uns einen infinitesimalen Bruchteil $d\lambda$ des vollen Formelumsatzes ($\lambda = 1$) umgesetzt, wobei der infinitesimale Bruchteil der Affinität $dN = N \cdot d\lambda$ umgesetzt wird: $N = dN/d\lambda$. λ ist die „Reaktionslaufzahl".

IV. $\qquad\qquad K_{(a)} = 10^{5,72}; \ K_{(b)} = 10^{2,86} = \sqrt{K_{(a)}}\,.$

2. Aufgabe.

		W (kcal)	$\varDelta S$ (cal/grad)	N (kcal)
I.	a)	$-67,7$	$-20,7$	$-61,5$
	b)	$-32,8$	$-29,1$	$-24,1$

Es sind vor allem Reaktionen mit Abnahme der Molzahl gasförmiger Bestandteile, die eine negative Reaktionsentropie haben.

Freiwillig verlaufende Reaktionen mit Entropieabnahme führen der Umgebung Wärme zu und erzeugen dadurch in der Umgebung eine Entropie*zunahme*, die größer als die Abnahme im reagierenden System ist.

ΔS_s ist stets gleich Q_r/T, wenn Q_r die bei *reversiblem* Ablauf der Reaktion vom System aufgenommene Wärme ist. Auch bei arbeitslosem, irreversiblem Ablauf der Reaktion, wobei die aufgenommene Wärme gleich W ist, ist $\Delta S_s = Q_r/T$. Die Entropieänderung der *Umgebung* ist aber in letzterem Fall $\Delta S_u = - W/T$. Denn die Umgebung hat eine Änderung erfahren, wie sie durch einen reversiblen Wärmezustrom von $- W$ cal erzeugt wird. (Ein isothermer Wärmezustrom ist ein reversibler Vorgang, da er durch einen unendlich kleinen Arbeitsaufwand rückgängig gemacht werden kann.)

Für die betrachteten Reaktionen (a) und (b) ist also

$$\Delta S_s \text{ a) } = -20,7; \quad \text{b) } = -29,1 \text{ cal/grad} \quad \text{und}$$
$$\Delta S_u \text{ a) } = +67\,700/298 = +227 \text{ cal/grad}$$
$$\text{b) } = +32\,800/298 = +110 \text{ cal/grad}.$$

Also ist der gesamte Entropieumsatz ΔS_g positiv:

$$\text{a) } +227 - 20,7 = +206 \text{ cal/grad}$$
$$\text{b) } +110 - 29,1 = +81 \text{ cal/grad}.$$

Bei reversiblem Reaktionsablauf ist die Entropiezunahme der Umgebung gleich der Entropieabnahme des reagierenden Systems, die gesamte Entropieänderung also gleich null.

Bei adiabatischem, arbeitslosem (irreversiblem) Reaktionsablauf ist die Entropieänderung der Umgebung gleich Null. Die Reaktionswärme bleibt im System. Dessen Erwärmung wird eine Entropiezunahme bedingen.

II. Es handelt sich hierbei um die *gesamte* Entropieänderung. Diese ist

$$\Delta S_g = \Delta S_s + \Delta S_u = \frac{Q_r}{T} - \frac{W}{T} = \frac{Q_r}{T} - \frac{N + T \cdot \Delta S_s}{T}$$

$$= \frac{Q_r}{T} - \frac{N + Q_r}{T} = -\frac{N}{T}.$$

Also nimmt ΔS_g stets zu, wenn N negativ ist.

Wir haben es im Rahmen der nachstehenden Aufgaben stets mit *isothermen* Vorgängen zu tun. Das System hat im Anfangs- und Endzustand die gleiche Temperatur. Daher ist die maximale Arbeit des Vorganges durch den Anfangs- und Endzustand festgelegt, die Affinität ist eine eindeutig bestimmte Größe und charakterisiert die Richtung des spontanen Ablaufes. Die Entropie ist bei isothermen Vorgängen entbehrlich. Jedoch erleichtert die Heranziehung der Entropieänderung *des Systems* das Verständnis für das Zustandekommen der maximalen Arbeit (Affinität) als Summe eines Energie- und eines Entropiegliedes.

Bei *nicht isothermen* Vorgängen ist die maximale Arbeit abhängig vom Wege (vgl. den CARNOTschen Kreisprozeß), und daher kann ein solcher Vorgang nur durch ΔS_g charakterisiert werden.

3. Aufgabe.

Mit $\Delta S = 30$ Cl. pro Mol Gas ist ΔS für (a) und (b) ca. $- 60$ Cl., für (c) $+ 60$ Cl., für (d) $+ 15$ Cl. zu erwarten. Bei (e) und (f) wird ΔS klein sein. Bei (g) liegt ebenfalls keine Änderung der Gasmolzahl vor — auch wenn die Reaktion im Gaszustande ins Auge gefaßt wird —, jedoch ist die „innere" Entropie (Unordnung) der gestreckten n-Butanol-Molekel sicher merklich größer als die der gedrungenen tert.-Butanol-Molekel, daher ΔS negativ.

Die geschätzten (und die berechneten) Werte für $N - W$ sind unten in der Tab. II angegeben.

Es gilt die Regel:

Bei Reaktionen zwischen festen Körpern ist N sehr annähernd gleich W. Vgl. (e).

Treten flüssige Reaktionsteilnehmer auf, so sind die Reaktionsentropien schon größer und dementsprechend auch die Differenzen $N - W$. Berechne diese für $Hg + S = HgS$, $Hg + J_2 = HgJ_2$ und $C + 2S = CS_2$ (flüss.). Für die Bildung dieser leichtsiedenden Flüssigkeit ist $\Delta S = + 20$ Cl.!

		W	ΔS	N	$W - N$	geschätzt
II.	a)	$- 42,1$	$- 58,8$	$- 24,5$	$+ 17,6$	$+ 18$
	b)	$- 22,0$	$- 47,7$	$- 7,8$	$+ 14,2$	$+ 18$
	c)	$- 37,3$	$+ 45$	$- 50,7$	$- 13,4$	$- 18$
	d)	$- 26,84$	$+ 22,20$	$- 33,46$	$- 6,62$	$- 4,5$
	e)	$- 5,5$	$- 3,0$	$- 4,6$	$+ 0,9$	± 0
	f)	$- 43,8$	$+ 4,77$	$- 45,2$	$- 1,4$	± 0
	g)	$- 8,6$	$- 9$	$- 5,8$	$+ 2,8$[1]	positiv

Bei den Reaktionen (c), (d), (f) stammt der *Überschuß der Arbeit über die Enthalpie* aus dem Wärmevorrat der Umgebung. Triebkraft für diese Umwandlung von Wärme in Arbeit (ohne Temperaturdifferenz!) ist die Entropiezunahme der reagierenden Systeme.

[1] Für die gasförmigen Butylalkohole nicht wesentlich anders.

Bei der isothermen Expansion eines idealen Gases wird die Arbeit *nur* durch die Entropiezunahme ($= + n\, RT \ln p_1/p_2$) geleistet. Denn nicht nur die innere Energie der idealen Gase ist von dem Volumen unabhängig, sondern auch die Enthalpie $H = U + p\,V$, da $p\,V$ auch vom Volumen unabhängig ist.

III. Die Energie treibt bei realen Gasen infolge der VAN DER WAALSschen Kräfte in Richtung der Kontraktion bzw. Kondensation. Dabei muß außer der äußeren Arbeitsleistung auch noch die innere Energiezunahme (beim Verdampfen: Innere Verdampfungswärme) durch Heranziehen von Wärme aus der Umgebung ermöglicht werden. Beim Verdampfen ist dieser zweite Anteil etwa 10mal größer als der erste. Beweise dies.

Auch das Auflösen von festen Stoffen in Flüssigkeiten ist meist ein endothermer Vorgang, auch wenn er freiwillig verläuft. In diesen Fällen ist also die Arbeitsleistung A nicht nur größer als der Energieumsatz W, sondern das System nimmt bei der Arbeitsleistung sogar noch an innerer Energie zu.

Das gleiche gilt für die Bildung von NO aus N_2 und O_2. Es ist eine endotherme Reaktion ($W > 0$). Bis zum Erreichen des Gleichgewichtes ist aber $N\!\!\!/ < 0$ (negativ). Dann allerdings wird $N\!\!\!/$ positiv und für die Grundreaktionsarbeit berechnet sich ein stark positiver Wert (s. Aufgabe 17). Dies heißt: N_2 und O_2 von 1 at Druck vermögen nicht NO von 1 at Druck zu bilden; wohl aber kann NO von einem kleineren Druck als dem Gleichgewichtsdruck gebildet werden.

Das letzte Beispiel macht es auch deutlich, daß *jede* zu einem Gleichgewicht führende Reaktion unter geeigneten Bedingungen zu dem hier behandelten Reaktionstyp (mit $\varDelta S \equiv \varDelta S_s > 0$) gehört, nämlich dann, wenn man von einem solchen Anfangszustand ausgeht, daß das Gleichgewicht in endothermer Richtung angestrebt werden muß. — Umgekehrt wird ein *übersättigter* Dampf oder eine übersättigte Lösung in exothermer Richtung reagieren und nicht zu dem hier behandelten Typ gehören.

4. Aufgabe.

I. Aus $-N\!\!\!/ = RT \ln K_p$ ergibt sich unmittelbar, daß der Zahlenwert von $-N\!\!\!/$ sich mit T vergrößert, wenn $\ln K$ sich *weniger* verkleinert als T sich vergrößert[1].

---

[1] Untersucht man, wie die Verschiebung eines Gleichgewichtes mit der Temperatur von der Reaktionsentropie $\varDelta S$ abhängt, so ergibt sich durch Differentiation der Gleichung $N\!\!\!/ = - RT \ln K$:

Mit steigender Temperatur verschiebt sich das Gleichgewicht
nach rechts, d. h. $d \ln K_p/dT > 0$, wenn $\varDelta S > -N\!\!\!//T$ ist (dann ist $W > 0$)
nach links, d. h. $d \ln K_p/dT < 0$, wenn $\varDelta S < -N\!\!\!//T$ ist (dann ist $W < 0$).

II. Die Arbeitsbeträge, die mit dem Gleichgewichtskasten umgesetzt werden, vergrößern sich alle proportional mit T ($A_i = n_i\, RT \ln \dfrac{p_i}{{}_*p_i}$ — also auch die Gesamtarbeit $-\,N$ —, wenn K (und $\ln K$) konstant bleibt.

5. Aufgabe.

		W (kcal)	ΔS(cal/grad)	N (kcal)
I.	a)	$-\,1350$	$+\,125$	$-\,1387$
	b)	$-\,44{,}6$	$+\,253$	$-\,120$

II. 1. 3,3%   2. 8,7%.

III. Für die Verbrennung von 1 Mol $= 806$ g Tripalmitat ist $W = -\,7566$ kcal, $\Delta S = -\,453$ cal/grad, $A = -\,7430$ kcal. Also liefert die Verbrennung von

	Wärme	Arbeit
1 g Tripalmitat	9,4 kcal	9,2 kcal
1 g Zucker	3,94 ,,	4,05 ,,

Der Zucker liefert weniger, weil er mehr Sauerstoff enthält, also viele C—O- und H—O-Bindungen schon geknüpft sind.

6. Aufgabe.

		W (kcal)	ΔS(grad/cal)	N (kcal)
I.	a)	$-\,15{,}21$	$-\,17{,}8$	$-\,9{,}9$
	b)	$+\,12{,}77$	$-\,0{,}4$	$+\,12{,}9$
	c)	$-\,29{,}05$	$-\,17$	$-\,24$
	d)	$-\,27{,}98$	$-\,17{,}45$	$-\,22{,}8$
	e)	$-\,43{,}78$	$+\,4{,}77$	$-\,45{,}20$
	f)	$-\,15{,}68$	$+\,26{,}93$	$-\,23{,}70$
	g)	$-\,23{,}33$	$+\,5{,}1$	$-\,24{,}85$
	h)	$+\,12{,}18$	$+\,39{,}7$	$+\,0{,}3$
	i)	$-\,2{,}73$	$+\,5{,}3$	$-\,4{,}3$

II. W wird sich um die Verdampfungswärme bei 25° ändern. Beim Siedepunkt (58° C $= 331$° K) wären dies nach Trouton $21 \cdot 331$ cal $= 7$ kcal. Bei 25° werden es etwas mehr sein. (Es sind 7,6 kcal, s. Aufgabe 7).

N wird sich kaum ändern, weil wir bei 25° dem Siedepunkt des Broms nahe sind. Bei diesem haben flüssiges und gasförmiges (1 at) Brom das gleiche thermodynamische Potential. Bei 25° wird sich N um den Arbeitsbetrag ändern (negativieren), der der

Kompression von 1 Mol Gas vom Dampfdruck des Broms bei 25° auf den Druck von 1 at entspricht (0,75 kcal, s. Aufgabe 7).

$dN/dT = -\Delta S$ wird nach TROUTON um etwa 21 Cl. negativer werden (genauer: 23,1 Cl., s. Aufgabe 7.)

III. $\lg K_p = \lg (p^2_{HJ}/p_{H_2}) = -N/4,57\ T = -300/1365$.

$$K_p = 0,60 = p^2_{HJ}\ .\quad p_{HJ} = 0,78\ \text{at}.$$

7. Aufgabe.

I. $W = +7,65$ kcal; $\Delta S = +21,8$ cal/grad;
$N = +1,15$ kcal.

II. $W_1 = +7,65$ kcal; $W_2 = 0$. (Bei idealen Gasen ist $(dH/dV)_T = 0$).

$$N_1 = 0;\ N_2 = -RT \ln 212/760 = +755\ \text{cal}.$$

Der in (I) berechnete Betrag $N = +1150$ cal erweist sich also als nicht ganz richtig.

III. Die Angaben im D'Ans-Lax ergaben $N = +1150$ cal statt $+755$ cal. Da der W-Wert richtig ist ($+7650$ cal, berechnet nach CLAUSIUS-CLAPEYRON), so sind die Normalentropien fehlerhaft. Nach HELMHOLTZ-GIBBS ergibt sich mit obigen Werten für W und N für Reaktion (a)

$$\Delta S = (7650 - 755)/298 = 23,1\ \text{cal/grad}.$$

Nach D'Ans-Lax ist

$$\Delta S = 58,63 - 36,8 = 21,8\ \text{cal/grad}.$$

Die beiden Normalentropien des gasförmigen und des flüssigen Broms sind auf verschiedenem Wege bestimmt — spektroskopisch, bzw. aus spezifischen Wärmen —, ihre Differenz ist mit dem Dampfdruck des Broms nicht ganz im Einklang. Wahrscheinlich ist vor allen die weniger genaue Normalentropie des flüssigen Broms mit einem Fehler behaftet und genauer gleich 35,5 zu setzen. Es ist also:

$$\Delta S_1 = 7650/298 = 25,6$$
$$\Delta S_2 = -755/298 = -2,5.$$

IV. Es sind äußere Verdampfungswärmen = Enthalpien. Um die inneren zu erhalten, muß man die Wärmemenge abziehen, die der Expansionsarbeit gegen den äußeren Druck äquivalent ist: $p \cdot \Delta V = RT$. Also 0,66 kcal bei 58°, 0,59 kcal bei 25°.

Nach KIRCHHOFF unterscheiden sich die Verdampfungswärmen bei 58° und 25° um

$$(58{-}25)\ (17,1{-}8,6) = 280\ \text{cal}.$$

Die Differenz der Angaben im D'Ans-Lax $7650 - 7420 = 230$ cal ist also ein wenig zu klein.

8. Aufgabe.

		W (kcal)	ΔS (cal/grad)	N (kcal)
a)	25°	$\left.\vphantom{\begin{matrix}a\\b\end{matrix}}\right\}\ -68{,}55$	$\left.\vphantom{\begin{matrix}a\\b\end{matrix}}\right\}\ +34{,}69$	$-78{,}9$
	1025°			-113
b)	25°	$\left.\vphantom{\begin{matrix}a\\b\end{matrix}}\right\}\ +25$	$\left.\vphantom{\begin{matrix}a\\b\end{matrix}}\right\}\ -34$	$+35$
	1025°			$+69$

(a) ist also thermodynamisch möglich, bei hohen Temperaturen erst recht. Die Nichtbrennbarkeit des Tetrachlorkohlenstoffs beruht also auf einer kinetischen Hemmung. Diese erklärt sich durch die dichte Umhüllung des C-Atoms durch die Cl-Atome. Nur das C-Atom hat eine „Verwandtschaft" zum Sauerstoff, nicht die Cl-Atome: Reaktion (b) hat eine positive Affinität; ClO_2, auch Cl_2O haben stark positive Bildungswärmen und Affinitäten.

9. Aufgabe.

I. **Ja.** Die Affinität der Standardreaktion gibt bei homogenen Reaktionen Auskunft darüber, wieviel — bis zu welcher Konzentration — sich von dem betreffenden Produkt bilden kann.

II. a) H_2O_2 kann durch Einleiten von Sauerstoff in Wasser nur in verschwindend kleiner (nicht nachweisbarer) Konzentration entstehen.

b) Über den möglichen Umfang der Bildung von Alkohol aus Äthylen und Wasser bei 25° läßt sich hieraus nichts aussagen. Daß das Gleichgewicht bei höheren Temperaturen stark zugunsten von C_2H_4 und H_2O (Dampf) liegt, läßt die Möglichkeit offen, daß dies bei 25° anders ist. Die Zersetzung von Alkohol mit H_2SO_4 verschiebt zudem das Gleichgewicht, weil die Schwefelsäure nicht nur als Katalysator wirkt, sondern außerdem auch das Wasser bindet.

III, IV.

	W (kcal)	ΔS (Cl.)	N (kcal)	lg K_p
$^1/_2\,O_2 + H_2O = H_2O_2$ bei 25° C	$+23{,}15$	-10 ± 5	$+26 \pm 1$	-19
„ 525°			$+31$	-9
$C_2H_4 + H_2O = C_2H_5OH$ bei 25°C	$-10{,}73$	-31	$-1{,}4$	$+1$
„ 525°			$+14$	-4

Aus den $\lg K_p$-Werten ist zu ersehen, daß H_2O_2 sich praktisch nicht bilden kann. Bei höherer Temperatur gilt dies auch für Alkohol. Dagegen ist bei $25°$ eine erhebliche Alkoholbildung möglich. Durch Druck wird sie noch begünstigt. Auch in der Gasphase über flüssigem Wasser gilt für die Partialdrucke

$$p_{C_2H_5OH} = K_p \cdot p_{H_2O} \cdot p_{C_2H_4}.$$

Die Gleichgewichtskonzentration des Alkohols in der flüssigen Phase ergibt sich hieraus und aus dem Zustandsdiagramm Wasser—Alkohol.

Z. Z. fehlt noch der geeignete Katalysator für die Gewinnung von Alkohol aus Äthylen.

10. Aufgabe.

		W (kcal)	ΔS (cal/grad)	N (kcal)
I.	a)	$-26,84$	$+22,21$	$-33,46$
	b)	$-67,65$	$-20,74$	$-61,47$
	c)	$-256(\text{od.}-210)$	$-28,9$	$-247(\text{od.}-201)$
	d)	-127	$-34,7$	-117

Wie sich aus (c) und (d) ergibt, wird das erste O-Atom mit etwa doppelt so großer Energie gebunden wie das zweite. Daß (a) weniger Energie liefert als (b), liegt an der großen Energie, mit dem die C-Atome im festen Kohlenstoff (jeder Art) gebunden sind.

Bei (a) ist ΔS positiv, weil die Molzahl der Gase um $^1/_2$ Mol zunimmt, und weil die geordnete Phase des festen Kohlenstoffs verschwindet.

II. *Boudouart-Gleichgewicht:*

	W (kcal)	ΔS (Cl.)	N (kcal)	$\lg K_p$
$298°$ K			$+28,71$	-21
$600°$ K			$+16,0$	$-5,8$
$1000°$ K	$+40,77$	$+43,0$	-1	$+0,2$
$3000°$ K			-85	$+6,2$

Vergleiche D'Ans-Lax, S. 860. (Dort in der Gleichung für K_p ist p_c zu streichen.)

11. Aufgabe.

	W (kcal)	ΔS (Cl.)	N (kcal) 25° C		525° C	
			1 at	500 at	1 at	500 at
a) (CH_4)	− 17,87	− 19,36	− 12,1	− 16	− 2	− 12
b) (C_2H_6)	− 20,19	− 41,8	− 7,7	− 15	+ 13	− 7
c) (C_3H_8)	− 24,8	− 64,3	− 5,6	− 16,6	+ 26	− 3
d) (C_6H_{14})	− 43	− 134	− 3	− 25	+ 64	+ 4
e) ($C_{10}H_{22}$)	− 61,4	− 255	+ 15	− 22	+ 142	+ 53
f) ($C_2H_6 \rightarrow CH_4$)	− 6,61	+ 12,8	− 10,4	− 8,6	− 16,8	− 12
g) ($C_3H_8 \rightarrow C_2H_6$)	− 2,15	+ 8,5	− 4,7	− 3,5	− 8,9	− 6
h) ($C_2H_6 + H_2$)	− 15,55	+ 3,1	− 16,5	− 16,5	− 18	− 18

Die Werte für die Affinitäten bei 500 at ergeben sich, indem zu den Werten bei 1 at der Betrag $n \cdot 4{,}57\,T$ lg 500 hinzuaddiert wird. Hierbei ist n die Differenz: Gasmole nach der Reaktion minus Gasmole vor der Reaktion.

Die Druckerhöhung (die bei der technischen Kohlehydrierung auch angewandt wird) wirkt also stabilisierend auf die höheren Kohlenwasserstoffe. Doch reicht diese Stabilisierung, wie die Zahlenangaben zeigen, nicht aus! Daher darf sich das Hydrierungsgas nicht voll ins Gleichgewicht setzen (sonst erhielte man nur Methan). Die höheren Kohlenwasserstoffe sind nur Zwischenprodukte: Die C-Atom-Bindungen des festen Kohlenstoffs sind erst teilweise gelöst und hydriert.

12. Aufgabe.

I.

	W (kcal)	ΔS (Cl.)	N (kcal)	lg K_p
a) (C_2H_2)	+ 53,9	+ 14,08	+ 49,7	− 38
b) (C_2H_4)	+ 12,56	− 12,71	+ 16,35	− 12
c) (C_2H_6)	− 20,19	− 41,8	− 7,7	+ 5,7
d) (C_6H_6 fl.)	+ 11,12	− 60,35	+ 29,1	—
e) (C_6H_6 g.)	+ 19,2	− 33	+ 30,3	− 22

Von diesen KW kann also nur Äthan entstehen. Wir dürfen verallgemeinern: Nur Paraffine. Benzol, Äthylen und besonders Acetylen sind bei 25° instabil in bezug auf den Zerfall in die Elemente. Acetylen wird durch Temperaturerhöhung stabilisiert, ist aber erst ab etwa 3500° stabil. Daher ist eine Explosion durch Selbstzersetzung möglich. Druckerhöhung ist auf die

Reaktion (a) thermodynamisch ohne Einfluß. Vergleiche aber die Reaktionen unten unter II.

Da die Paraffine zu ihrer Bildung mehr Wasserstoff verbrauchen, wird nach dem Prinzip des kleinsten Zwanges durch Druckerhöhung ihre Bildung noch weiter begünstigt. Eine Temperaturerhöhung wirkt umgekehrt.

C_6H_6 und C_2H_2 geben leuchtende Flammen, weil sich durch Selbstzersetzung Kohleteilchen ausscheiden (in der Flammenzone mit Sauerstoffmangel).

		W (kcal)	ΔS (Cl.)	N (kcal)
II.	a) ($C_2H_2 \rightarrow C_6H_6$)	$-47,5$	$-24,36$	$-40,2$
	b) ($C_2H_2 \rightarrow C_2H_6$)	$-60,6$	$-23,4$	$-53,9$
III.	a) (C_2H_2)	$-41,3$	$-26,8$	$-33,3$
	b) (C_2H_4)	$-32,8$	$-29,1$	$-24,1$
	c) (Fum.)	$-30,19$	-29	-22
	d) (Mal.)	$-35,62$	-27	$-27,5$
	e) ($^1/_3\,C_6H_6$)	$-16,4$	-29	$-7,7$
	f) (C_6H_{12})	$-12,7$	-9	$-10,0$

Die Ringöffnung bei (f) bedingt eine Zunahme der Entropie (der Unordnung). Dadurch wird die Entropieabnahme, die durch das Verschwinden von 1 Mol Gas verursacht ist, stark vermindert.

13. Aufgabe.

I. a) $(2\,CH_4 = C_2H_2 + 3\,H_2)$

W_{298} (cal)	S_{298} (Cl.)	N_{298} (cal)
$+89700$	$+52,8$	$+74000$

1. Näherung: $T_{(N=0)} = \dfrac{74000}{52,8} + 298 = 1400 + 298°\,K$

$$= ca.\ 1400°\,C.$$

2. Näherung: $\Delta \Sigma C_p\ (= \Delta C) = 10,2 + 3 \cdot 7 - 2 \cdot 8,6 = +14,0$

$$W_T = W_{298} + \Delta C\,(T - 298)$$
$$\Delta S_T = \Delta S_{298} + \Delta C \cdot 2,3 \cdot \lg \frac{T}{298} \tag{1}$$
$$N_T = W_T - T \cdot \Delta S_T = 0$$
$$T = W_T / \Delta S_T.$$

Durch Einsetzen der Werte für W_T und ΔS_T ergibt sich:

$$T\,(32,2 \lg T - 4,09) = 85000.$$

Durch Probieren (oder graphisch) findet man $T = 1400°$ K =
= ca. 1100° C.

		W (cal)	ΔS (Cl.)	N (cal)	T ($N = 0$)
II.	b)	-74100	-56.2	-57300	1050° C
	c)	-41300	$-27,1$	-33200	1250° C
	d)	-47500	$-24,4$	-40200	1700° C
	e)	-60600	$-23,4$	-53900	2300° C
	f)	-53900	$-14,1$	-49700	3500° C

Die Zerfallsreaktion (f) des Acetylens in $2C + H_2$ ist also am
hartnäckigsten (wegen der kleinen Reaktionsentropie — keine
Änderung der Gasmolzahl).

Demnach ist das Acetylen erst oberhalb einer Temperatur von
etwa 3500° C stabil. (Bei noch beträchtlich höherer Temperatur
tritt Zerfall in Atome ein). Bei der technischen Darstellung
von Acetylen nach Gl. (a) im Lichtbogen wird nur eine Temperatur
von etwa 1500° C erreicht. Durch plötzliche Abkühlung bereits
nach $^1/_{1000}$ Sek. wird erreicht, daß zwar die Reaktion (a) Zeit
hatte in beträchtlichem Umfang abzulaufen, nicht aber die Folge-
reaktionen (b) bis (f). Immerhin entstehen vor allem erhebliche
Mengen an Ruß.

14. Aufgabe.

		W (kcal)	ΔS (Cl.)	N (kcal)	K_p
I.	(n- $\to$ i-C$_4$H$_{10}$) 25°	$\Big\}\,-1,62$	$\Big\}\,-3,7$	$-0,52$	2,39
	165°			$0,0$	1

Unterhalb 165° ist i-Butan stabiler. Die Entropie zieht aber
in Richtung des n-Butans, weil die offene Kette einer größeren
„Unordnung" fähig ist.

II.   (Mal. $\to$ Fum.) | $-5,43$ | $+1,7$ | $-6,0$

Energie und Entropie treiben hier in gleicher Richtung: Temperaturerhöhung stabilisiert die trans-Form noch mehr.

III.			
$p \to m$	$0,0$	$+1,5$	$-0,4$
$m \to o$	$+1,1$	$+1$	$+0,8$
$p \to o$	$+1,1$	$+2,5$	$+0,4$

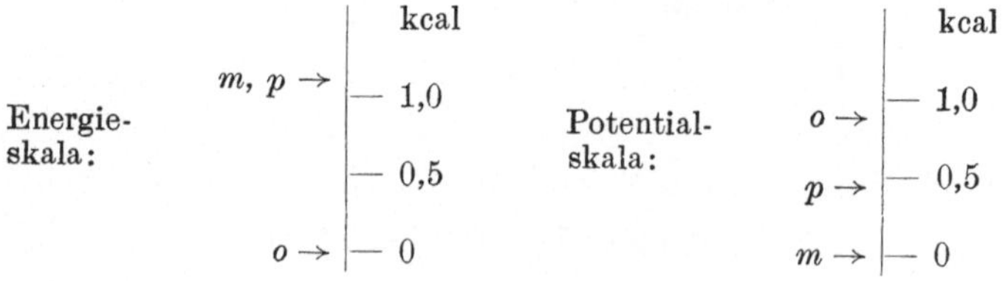

Energie-skala:

kcal

$m, p \to$ $-1,0$

$-0,5$

$o \to$ -0

Potential-skala:

kcal

$o \to$ $-1,0$

$p \to$ $-0,5$

$m \to$ -0

IV.	W (kcal)	ΔS (Cl.)	N (kcal)
$CH_3OCH_3 = C_2H_5OH$ (fl.)	$-22{,}8$	-27	$-14{,}7$
$CH_3OCH_3 = C_2H_5OH$ (g.)	$-12{,}5$	$+2$	-13

Der Alkohol (O an H gebunden) ist also beträchtlich stabiler als der isomere Äther. Ob der Alkohol flüssig oder gasförmig eingesetzt wird, ergibt für N in der Nähe des Siedepunktes keinen großen Unterschied. Die Entropie der Alkoholmolekel ist (trotz der festeren Bindung) größer als die der Äthermolekel.

VI. a) Ja, und zwar zu $100/(1 + K_p) = 100/3{,}39 = 30\%$.

b) Nein, auch nicht teilweise, da es eine heterogene Reaktion ist.

15. Aufgabe.

		W (kcal)	ΔS (Cl.)	N (kcal)	$\lg K_p$
a)	$Zn + H_2O$ (fl.) $= ZnO + H_2$; $25°$ C	$-15{,}1$	$+14{,}8$	$-19{,}5$	
	$Zn + H_2O$ (g.) $= ZnO + H_2$; $25°$ C	$-25{,}6^1$	$-13{,}5^2$	$-21{,}6$	
	Zn(fl.)$+H_2O$(g.)$= ZnO + H_2$; $500°$ C	$-27{,}4^3$	$-19{,}5^4$	-12	$+3{,}4$
b)	$Pb + H_2O$ (fl.) $= PbO + H_2$; $25°$ C	$+16{,}3$	$+15{,}7$	$+11{,}6$	
	$Pb + H_2O$ (g.) $= PbO + H_2$; $25°$ C	$+5{,}8^1$	$-12{,}6^2$	$+9{,}6$	
	Pb(fl.)$+H_2O$(g.)$= PbO + H_2$; $500°$ C	$+4{,}5^3$	$-17{,}0^4$	$+17{,}6$	$-5{,}0$
c)	$2Ag + H_2S = Ag_2S + H_2$; $25°$ C	$-0{,}2$	$-13{,}9$	$+4{,}0$	
	$2Ag + H_2S = Ag_2S + H_2$; $500°$ C			$+10{,}0$	$-3{,}0$

I. Für die Oxydation des im Blei gelösten Zinks lautet das MWG

$$\frac{a_{H_2}}{a_{H_2O} \cdot a_{Zn}} = K,$$

da die Aktivität des in Blei unlöslichen ZnO konstant ist. Die Aktivität a_{Zn} des im Blei gelösten Zinks kann der Konzentration proportional angenommen werden. Die Aktivität des Zn in gesättigter Lösung (0,6% Zn) ist gleich der des reinen (flüssigen) Zinks. Diese setzen wir gleich 1. Dann wird $K = K_a = 10^{+3{,}4}$. Eine Oxydation des Bleis setzt erst ein, wenn der Quotient

---

[1] Verdampfungswärme des Wassers bei $25°$: $+10{,}5$ kcal/Mol.

[2] Verdampfungsentropie des Wassers bei $25°$ beim Dampfdruck von 23,8 Torr: $+10500/298 = +35{,}2$ Cl. Dazu die Kompressionsentropie (auf 1 at): $R \ln (23{,}8/760) = -6{,}9$ Cl. Insgesamt also $+28{,}3$ Cl.

[3] Schmelzwärme von Zn: $+1{,}80$ kcal/Mol
von Pb: $+1{,}31$ kcal/Mol.

[4] Schmelzentropie von Zn: $+6{,}0$ Cl./Mol
von Pb: $+4{,}4$ Cl./Mol.

$a_{H_2}/a_{H_2O} = p_{H_2}/p_{H_2O}$ auf den Wert $K_b = 10^{-5,0}$ gesunken ist. Also kann a_{Zn} bis auf den Grenzwert $a'_{Zn} = K_b/K_a = 10^{-8,5}$ gesenkt werden. Da wir die Aktivität der gesättigten Lösung (0,6% Zn) gleich 1 gesetzt hatten, kann also die Zink-Konzentration (diese ist proportional der Aktivität) bis auf $0,6 \cdot 10^{-8,5} = 2 \cdot 10^{-9}\%$ gesenkt werden.

II. Da das Gleichgewicht schon erreicht ist, wenn der Wasserstoff einen Gehalt von 1/2500 ($= 1:K_a$) an Wasserdampf hat, wäre das 2500-fache der stöchiometrischen Menge an (trockenem!) Wasserstoff erforderlich. Eine Reduktion von ZnO mit H_2 ist also praktisch nicht möglich.

Bei der Reduktion von PbO wird H_2 praktisch vollständig verbraucht. Der entweichende Wasserdampf enthält im Gleichgewicht nur noch $100/K_b = 0,001\%$ H_2.

III. Ag_2S läßt sich nach den Angaben der vorstehenden Tabelle mit H_2 gut reduzieren (0,1% H_2 im entweichenden H_2S).

16. Aufgabe.

I.

		W (kcal)	$\varDelta S$ (Cl.)	N (kcal)	lg p	II. W (kcal)
a)	(MgCO$_3$)	+ 28	+ 41,8	+ 15	− 11	ca. + 60
b)	(CaCO$_3$)	+ 43,4	+ 38,4	+ 31,9	− 23	ca. + 40
c)	(SrCO$_3$)	+ 55	+ 40,9	+ 43	− 32	
d)	(BaCO$_3$)	+ 58	+ 41,1	+ 46	− 34	ca. + 66

Die in der letzten Spalte unter II nach CLAUSIUS-CLAPEYRON berechneten Dissoziationswärmen W erweisen sich als sehr ungenau, beim MgCO$_3$ als gänzlich falsch, weil sich hier die Druckgleichgewichte gar nicht einstellen (vgl. E. CREMER, Z. anorg. Chem. **258**, 123, 1949).

		$T_{Diss.}$ ber.	Wahre Werte (s. D'Ans-Lax, S. 883)
III.	a)	ca. 385° C	(550° C, Vgl. Bem. zu II)
	b)	ca. 860° C	880° C
	c)	ca. 1075° C	1250° C
	d)	ca. 1150° C	(1350° C Dissoz. zu bas. Carbonat).

17. Aufgabe.

I. Da die Energie nach links treibt ($W = + 43,2$ kcal), so verschiebt sich mit sinkender Temperatur das Gleichgewicht schließlich ganz nach links.

Das mit steigender Temperatur wirksam werdende Entropieglied erstrebt „größte Unordnung“. Diese wird im Rahmen des betrachteten Gleichgewichtes dann erreicht, wenn jedes O-Atom — und ebenso jedes N-Atom — ebenso oft mit einem O-Atom wie mit einem N-Atom verbunden ist. Dies ist der „wahrscheinlichste Zustand“ (von dem noch wahrscheinlicheren der freien Atome sollte ja abgesehen werden). Also strebt das Gleichgewicht mit steigender Temperatur nicht der rechten Seite der Reaktionsgleichung zu, sondern der Mitte: 50% NO und 50% $N_2 + O_2$.

Da die Energie stark nach links treibt (links formal) $3 + 2 = 5$ Bindungen, rechts $2 + 2 = 4$ Bindungen), so tritt eine merkliche Bildung von NO erst bei Temperaturen ein, bei denen bereits eine merkliche Dissoziation in Atome eintritt. Das Maximum des NO-Gehaltes ($13,6\%$) wird bei $4000°$ K überschritten.

Günstiger für die Erreichung eines durch die Entropie angestrebten, „in der Mitte“ liegenden Gleichgewichtes sind die Verhältnisse bei folgenden energiearmen Reaktionen:

$$\text{a) } H_2 + D_2 \ = 2\,HD \qquad \text{(D'Ans-Lax, S. 854)}$$
$$\text{b) } H_2O + D_2O = 2\,HDO \qquad (\quad \text{''} \qquad \text{S. 858)}$$
$$\text{c) } CS_2 + CO_2 \ = 2\,COS \qquad \text{(s. nächste Aufgabe)}$$
$$\text{d) } Cl_2 + Br_2 \ = 2\,BrCl.$$

Das Gleichgewicht (d) stellt sich auch bei Raumtemperatur leicht ein, doch fehlen die kalorischen Daten für eine Berechnung.

$$\textbf{II.} \quad \text{a) } B = 100 \cdot \frac{[NO]}{[O_2] + [N_2] + [NO]} = 100\,\frac{[NO]}{2\,[O_2] + [NO]}$$
$$\text{(da } [N_2] = [O_2]\text{)}$$
$$K = \frac{[NO]^2}{[O_2] \cdot [N_2]} = \frac{[NO]^2}{[O_2]^2} \quad \text{(da } [N_2] = [O_2]\text{)}$$
$$1/B = \frac{2\,[O_2]}{100\,[NO]} + \frac{1}{100} = \frac{1}{100}\left(\frac{2}{\sqrt{K}} + 1\right)$$
$$B = \frac{100\,\sqrt{K}}{2 + \sqrt{K}}$$
$$\text{b) } \textbf{W} = +\,43,2 \text{ kcal}; \quad \varDelta\textbf{S} = -\,d\textbf{N}/dT = +\,5,85 \text{ Cl.}$$

Da die Molwärme von NO zwischen denen von O_2 und N_2 liegen wird, können $\textbf{W}$ und $\varDelta\textbf{S}$ als ziemlich temperaturunabhängig angenommen werden.

	$0\,°$ K	$298°$	$1000°$	$3000°$	$5000°$	$\infty°$
$\textbf{N}$		$+\,41,4$	$+\,37,4$	$+\,25,6$	$+\,14$	
K	0	10^{-30}	$10^{-8,2}$	$10^{-1,9}$	$10^{-0,6}$	4!
B (%) ber.	0	10^{-13}	$10^{-2,4}$	5,3	20	50
gefunden				$7,3^1$	27^1	

[1] Auch hier: ohne Atome.

Vergleiche hierzu die für K im D'Ans-Lax, S. 859 angegebenen Werte.

18. Aufgabe.

I. $K = 4$ (s. Aufgabe 17).

Daraus und aus der GIBBS-HELMHOLTZschen Gleichung folgt mit $W = 0$:

$$\Delta S = R \cdot \ln K = + 2{,}75 \text{ cal/grad.}$$

Also:

	W (kcal)	ΔS (Cl.)	N (kcal)	K
25° C	0	+ 2,75	− 0,82	4
300° C	0	+ 2,75	− 1,6	4
500° C	0	+ 2,75	− 2,1	4

II. 25° C	− 2 (± 2)	+1,7 (±1)	− 2,5	70
300° C	− 2 (± 2)	+1,7 (±1)	− 3,0	14
500° C	− 2 (± 2)	+1,7 (±1)	− 3,5	9

Diese Werte (II) sind mit denen der idealisierten Reaktion (I) fast identisch, wenn man die Fehlergrenzen berücksichtigt.

19. Aufgabe.

I.

W (kcal)	ΔS (Cl.)	N (kcal)			$\lg K_p$		
298° K	298° K	298° K	3000°	5000°	298° K	3000°	5000°
+ 118,2	+ 27,93	+ 109,9	+ 35	− 21	− 80,5 $K_p =$	− 2,5 0,003	+ 0,9 8

Erst bei 5000° treten somit merkliche Mengen an O-Atomen auf. Hier ist allerdings $\alpha = 0{,}8$ bei 1 at, d. h. 80% des Sauerstoffs sind bereits dissoziiert. Nach der genaueren Rechnung II sind es noch mehr. Ferner wäre im Reaktionsgemisch mit N_2, NO und N bei einem Gesamtdruck von 1 at die Partialdrucksumme $p_{O_2} + p_O < 1$ at und daher die O_2-Dissoziation noch etwas stärker.

II. Die Molwärme (bei konstantem Druck) beträgt für die O-Atome $C_O = 5$ cal/Mol, für die O_2-Molekeln $C_{O_2} = 7{-}9$ cal/Mol, je nachdem, ob die Schwingung bereits angeregt ist oder nicht[1].

---

[1] Dies ist die Molwärme für O_2, wenn keine Dissoziation in die Atome einträte. Die wirkliche Molwärme ist im Temperaturbereich der Dissoziation durch die Dissoziationswärme stark erhöht (siehe D'Ans-Lax, S. 1050/51). Doch muß dieser Anteil der Molwärme hier beiseite gelassen werden! Dieser Anteil ist ja durch die Reaktionswärme bedingt.

Mit diesen Molwärmen $2C_O = 2 \cdot 5 = 10$ und $C_{O_2} = 7$ (bis $1000° K$) bzw. 9 (oberhalb $1000° K$) erhalten wir:

	3000° K	5000° K
$W_{3000} = W_{298} + (1000 - 298)\,(10 - 7) +$ $\quad + (3000 - 1000)\,(10 - 9)$		
$= 118\,200 + 700 \cdot 3 + 2000 \cdot 1\ \mathrm{cal} \quad =$	$+ 122\ \mathrm{kcal}$	
$W_{5000} = W_{3000} + (5000 - 3000)\ 10 - 9)\ \mathrm{cal} \; =$		$+ 124\ \mathrm{kcal}$
$S_{O_2} = + 49{,}03 + \int\limits_{298}^{1000} \frac{7\,dT}{T} = \int\limits_{1000}^{T} \frac{9\,dT}{T} \quad =$	$67{,}2\ \mathrm{Cl.}$	$71{,}9\ \mathrm{Cl.}$
$2\,S_O = + 76{,}96 + \int\limits_{298}^{T} \frac{10\,dT}{T} \qquad\qquad =$	$100{,}0\ \mathrm{Cl.}$	$105{,}1\ \mathrm{Cl.}$
$\varDelta S =$	$+ 32{,}8$	$+ 33{,}2$
$N = W - T \cdot \varDelta S =$	$+ 24\ \mathrm{kcal}$	$- 42\ \mathrm{kcal}$
$\lg K_p =$	$- 1{,}75$	$+ 1{,}8$
$K_p =$	$0{,}018$	69
(nach D'Ans-Lax, S. 854	$0{,}014$	$51{,}5)$
α bei 1 at[1] $=$	$0{,}067$	$0{,}97$
(nach D'Ans-Lax	$0{,}059$	$0{,}94)$

Vergleiche hiermit das Ergebnis I und D'Ans-Lax, S. 854.

20. Aufgabe.

I.

	CCl_4	CS_2	Schwefel pro Grammatom
Verd.-Arbeit A_V (kcal)	$+ 1{,}13$	$+ 0{,}41$	$^1/_8 \cdot 11 = + 1{,}4$ (zu $^1/_8\,S_8$) Aus $\varDelta S_V$: $+ 9$ (zu $^1/_2\,S_2$)
Verd.-Entropie $\varDelta S_V$ (Cl.)	$+ 22{,}7$	$+ 21{,}3$	$+ 5$ (zu $^1/_8\,S_8$) $+ 20$ (zu $^1/_2\,S_2$)

[1]
$$\alpha = \frac{[O]}{2\,[O_2] + [O]} = \frac{p_O}{2\,p_{O_2} + p_O} = \frac{p - p_{O_2}}{p + p_{O_2}}$$
$$(\text{da } p = p_{O_2} + p_O).$$

$$\text{mit } p_{O_2} = \left(\frac{K_p}{2} + p\right) - \sqrt{\left(\frac{K_p}{2} + p\right)^2 - p^2}$$

$$\left(\text{da } K_p = \frac{p_O^2}{p_{O_2}}\right).$$

Bei sehr kleinem α gilt: $\alpha = {}^1/_2\sqrt{K_p/p}$.

	25°	525°	1025° C
a) 1. $C + 2Cl_2 = CCl_4$ (fl.)[1] $W = -33{,}8$ kcal; $\Delta S = -56$ Cl.	$N = -17{,}1$		kcal
2. $C + 2Cl_2 = CCl_4$ (g.)[2] $W = -25{,}9$ kcal; $\Delta S = -33$ Cl.	$N = -16{,}0$	$+0{,}6$	$+17$ kcl
b) 1. $C + 2S$ (rhomb.) $= CS_2$ (fl.) $W = +15{,}5$ kcal; $\Delta S = +20{,}0$	$N = +9{,}5$		
2. $C + 2S$ (g., S_8) $= CS_2$ (g.) $W = +16$ kcal; $\Delta S = +31$ Cl.	$N = +7$	-8	[−24]kcal
3. $C + 2S$ (g., S_2) $= CS_2$ (g.) $W = -8$ kcal; $\Delta S = +2$ Cl.	$N = [-8]$	$[-9]$	-10 kcal

Für *Tetrachlorkohlenstoff* ergibt sich also, daß eine Darstellung aus den Elementen unmöglich ist: Bei höheren Temperaturen, bei denen die Reaktion kinetisch möglich wäre, ist sie thermodynamisch *nicht* möglich. Dies liegt an dem stark positiven Temperaturenkoeffizienten der Affinität, bedingt durch die stark negative Reaktionsentropie, die ihrerseits auf das Verschwinden von 1 Mol Gas bei der Reaktion (a$_1$) zurückzuführen ist.

Beim *Schwefelkohlenstoff* liegen die Verhältnisse umgekehrt. Bei der Reaktion (b 2) entstehen $^3/_4$ Mole Gas, dN/dT ist stark negativ, bei höheren Temperaturen wird die Reaktion kinetisch und thermodynamisch möglich (obgleich sie stark endotherm bleibt). Dem entspricht die technische Darstellung des CS_2 (bei 900° C). Bei noch höheren Temperaturen überwiegt das Gleichgewicht (b 3) mit S_2-Gas mit nahezu temperaturunabhängiger negativer Affinität.

Bei Raumtemperatur ist CS_2 eine instabile Verbindung. Da aber der Zerfall exotherm ist, und Temperaturerhöhung die Verbindung stabilisiert, besteht keine Explosionsgefahr: Durch Knallquecksilber kann CS_2-Dampf örtlich zur Explosion (Zersetzung) gebracht werden, doch pflanzt sich die Explosionswelle nicht weit fort.

			W (kcal)	ΔS (Cl.)	N (kcal)
II.	c) $(CHCl_3 + Cl_2)$	25°C	$-24{,}2$	-5	-23
		525°	„	„	-20
	d) $(CS_2 + 2Cl_2)$	25°	-47	-71	-23
		225°	„	„	-10
		425°	„	„	$+5$

[1] D'Ans-Lax, S. 713. C hier als Graphit.
[2] D'Ans-Lax, S. 319. C als Diamant. Eine Umrechnung auf Graphit wäre grundsätzlich angebracht aber praktisch bedeutungslos.

Bei höheren Temperaturen wird also die Reaktion (d) unmöglich. Man kann sie aber schon ab $60°$ C mit Hilfe eines Katalysators ($SbCl_5$ oder $FeCl_3$) durchführen.

21. Aufgabe.

I. a) Bei der Berechnung ist darauf zu achten, daß sich die Reaktionsgleichung auf $1/_2$ Mol O_2 bezieht!

	W (kcal)	ΔS (Cl.)	N (kcal)	$T_{Diss.}$
1 at	$-6{,}95$	$-15{,}2$	$-2{,}4$	$184°$ C[1]
$1/_5$ at	$-6{,}95$	$-16{,}8$	$-1{,}9$	$140°$ C

b) $p = 22$ at.

II.

	W (kcal)	ΔS (Cl.)	N (kcal)	
a) (AgCl)	$+30{,}15$	$+14{,}36$	$+25{,}9$	(ca. $1800°$ C)[2]
b) (AgBr)	$+23{,}70$	$+3{,}0$	$+22{,}8$	
c) (AgJ)	$+14{,}94$	$-3{,}45$	$+16{,}0$	
d) (AgJ)	$+22{,}40$	$+13{,}8$	$+18{,}3$	ca. $1350°$ C

22. Aufgabe.

			W (kcal)	ΔS (Cl.)	N (kcal)
I.	a)	(AgCl)	$+59{,}0$	$+27{,}2$	$+50{,}9$
	b)	(AgBr)	$+50{,}58$	$+26{,}4$	$+42{,}4$
	c)	(AgJ)	$+40{,}53$	$+25{,}6$	$+32{,}9$

Diese N-Werte geben allerdings nur eine grobe Annäherung an den Arbeitsbedarf des photochemischen Prozesses in der photographischen Emulsion: Es entsteht nicht Halogenatomgas von 1 at. Vielmehr entstehen im Silbersalzgitter eingeklemmte Halogenatome von schwer definierbarem Potential. Man begnügt sich daher meist mit einer Angabe der W-Werte.

II. Licht, das nicht absorbiert wird, kann nicht wirksam werden. Daher wird der photographischen Emulsion ein *Sensibilisator* zugesetzt, der erstens die Eigenschaft haben muß, das Licht zu absorbieren, zweitens aber auch die aufgenommene Energie auf das Silberhalogenid übertragen muß.

---

[1] Praktisch beginnt die Ag_2O-Zersetzung beim Erhitzen auf etwa $200°$ C.

[2] Jedoch siedet AgCl schon bei $1554°$ C.

23. Aufgabe.

	W (kcal)	ΔS (Cl.)	A_{298} (kcal)	$\lg K_{298}$	A_{798} (kcal)	$\lg K_{798}$
a) $(X_2 = 2X)$						
Cl_2	$+\ 57{,}8$	$+\ 25{,}7$	$+\ 50{,}1$	$-\ 36{,}7$	$+\ 37$	-10
Br_2 (g.)	$+\ 46{,}2$	$+\ 25{,}0$	$+\ 38{,}6$	$-\ 28{,}3$	$+\ 26$	$-\ 7$
J_2 (g.)	$+\ 36{,}27$	$+\ 24{,}1$	$+\ 29{,}1$	$-\ 21{,}3$	$+\ 17$	$-\ 4{,}7$
b) $(X+H_2=HX+H)$						
Cl	$+\ 1{,}1$	$+\ 1{,}3$	$+\ 0{,}7$	$-\ 0{,}5$	0	0
Br	$+\ 17{,}2$	$+\ 1{,}8$	$+\ 16{,}7$	$-\ 12{,}3$	$+\ 16$	$-4{,}4$
J	$+\ 32{,}4$	$+\ 2{,}4$	$+\ 31{,}7$	$-\ 23{,}3$	$+\ 30$	-8
c) $(H+X_2=HX+X)$						
Cl	$-\ 44{,}9$	$+\ 3{,}4$	$-\ 45{,}9$	$+\ 33{,}7$		
Br	$-\ 40{,}5$	$+\ 3{,}3$	$-\ 41{,}5$	$+\ 30{,}5$		
J	$-\ 35{,}2$	$+\ 2{,}9$	$-\ 36{,}1$	$+\ 26{,}5$		

Die Teilreaktion (a) bedarf in allen Fällen einer Energiezufuhr.
Die $\lg K$-Werte besagen, daß die Startreaktion (a) bei 298° K
praktisch nicht vorkommt (es sei denn, daß man sie z. B. photo-
chemisch erzwingt). Denn im Gleichgewicht verlaufen die Reaktionen $X_2 = 2X$ und $2X = X_2$ gleich schnell. Und da das
Gleichgewicht fast ganz bei X_2 liegt (s. $\lg K$!), kann wegen der
minimalen Menge der X-Atome die Reaktion $2X = X_2$ nur außer-
ordentlich langsam verlaufen[1], also auch die umgekehrte Reaktion.
Bei 798° K ist dies schon wesentlich anders[2], die Startreaktion
wird möglich.

Die Teilreaktion (b) bedarf ebenfalls einer Energiezufuhr, doch
ist diese beim *Chlor* kleiner als die mittlere kinetische Energie
$^3/_2\ RT$ ($= 0{,}9$ kcal bei 298° K) und verschwindet bei 798° K
ganz. Da für die Teilreaktion (c) das Gleichgewicht ganz auf
der rechten Seite liegt, werden alle nach (b) gebildeten Cl-Atome
sofort nach (c) abgefangen. Also kann praktisch jede Kette
ungehindert bis zum Kettenabbruch[3] ablaufen.

---

[1] In einem Mol Cl_2-Gas von 1 at sind bei 298° K nur 270 000 Cl-Atome
vorhanden. Nur alle 30 Min. erfolgt ein Zusammenstoß zwischen 2 Cl-
Atomen, und nicht jeder führt zur Bildung einer Cl_2-Molekel. Also muß
auch umgekehrt der Zerfall einer Cl_2-Molekel seltener als ein malin 30 Min.
erfolgen (trotz der sehr großen Häufigkeit von Cl_2-Zusammenstößen).

[2] Die Zahl der Cl-Atome ist bei 798° K um den Faktor $\sqrt{K_{798}/K_{298}}$
$= 2 \cdot 10^{13}$ größer. Die Zahl der Cl-Atom-Zusammenstöße ist etwa um das
Quadrat dieses Faktors größer. Die Geschwindigkeit der Startreaktion vergrößert sich etwa in gleichem Maße.

[3] Der Kettenabbruch erfolgt hauptsächlich durch Reaktion von H-
Atomen mit als Verunreinigung vorhandenen O_2-Molekeln. Beim Brom
erfolgt der Kettenabbruch wegen der erheblich höheren Br-Atom-Kon-
zentration nach $2\,Br = Br_2$.

Beim *Brom* dagegen liegt das Gleichgewicht der Teilreaktion (b) auch bei 798° K noch recht ungünstig. Nach (b) entstandene H-Atome haben also eine starke Tendenz, durch Rückreaktion nach (b) wieder zu verschwinden, was dann möglich wird, wenn im reagierenden System bereits merkliche Mengen HBr vorhanden sind. Ein Kettenabbruch tritt dadurch nicht ein, wohl aber ein Rückschritt und damit eine Verlangsamung der Reaktion.

Beim *Jod* ist die Bildung von H-Atomen nach (b) praktisch nicht möglich. Daher bildet sich HJ nur auf dem Reaktionswege (1).

24. Aufgabe.

I. $K_c = 10^2$ für die energiearmen Phosphate.

$K_c = $ ca. 10^{10} für die energiereichen Phosphate.

II. Es ist die gesuchte freie Energie.

$$N = N_a + N_b + N_c$$

mit $N_a = 0$, $N_b = - 3000$ cal.

$$N_c = W_c - T \cdot \varDelta S_c = (- 285\,500 + 279\,000) - 298 \cdot 5,8 =$$
$$= - 6\,500 - 1\,750 = - 8\,250 \text{ cal.}$$

Also $N = 0 - 3000 - 8250 = - 11\,250$ cal

(Neuerer Wert: $- 16\,500$ cal).

25. Aufgabe.

I. a) $W = - 43\,780$ cal; $\varDelta S = + 4,77$ Cl.; $N = - 45\,200$ cal

$A_{\text{Rest}} = 2\,RT \ln 10^{-6,5} = - 17\,700$ cal

$N = - 62\,900$ cal
$= - 263\,000$ joule

$E = 263000/2 \cdot 96500 = 1,36$ Volt.

b) $E = 131500/96500 = 1,36$ Volt

c) $N = - 45200$ cal $= - 189000$ joule

$E = 189000/2 \cdot 96500 = 0,98$ Volt.

		W (kcal)	$\varDelta S$ (Cl.)	N (kcal)	(joule)	E (Volt)
II. a)	(Cl)	$- 30150$	$- 14,4$	$- 25870 =$	$- 108300$	1,12
b)	(Br)	$- 23700$	$- 3,0$	$- 22800 =$	$- 95400$	0,99
c)	(J)	$- 14930$	$+ 3,4$	$- 15960 =$	$- 66800$	0,70

III. Wenn E in Volt, νF in Coulomb, N in cal eingesetzt wird, so ist

$$E_0 = - (N + N_{\text{Rest}}) / \nu \cdot 23050 .$$

	N	N_{Rest}	E_0 (bei $p_{\text{H}}=0$)	E_0 (bei $p_{\text{H}}=7$)
Chinon/Hydroch.	$- 30\,460$	$- 950$	$+ 0,68$	$+ 0,27$
C_2H_2/C_2H_4	$- 33\,300$	$+ 1260$	$+ 0,69$	$+ 0,28$
C_2H_4/C_2H_6	$- 24\,100$	$+ 570$	$+ 0,51$	$+ 0,10$

Die Chinone sind reversibel reduzierbar. Dagegen sind die Äthylene und Acetylene bis zu dem an der Quecksilberelektrode in nichtsaurer wäßriger Lösung erreichbaren Potential von $- 2,3$ Volt nicht reduzierbar. Der Reduktionsreaktion liegt also ein Energieberg von über $2^1/_2$ Volt $\times v\,F = 120$ kcal im Wege. Bei konjugierten Doppelbindungen ist die Hemmung etwas geringer, so daß eine kathodische Reduktion erzielt werden kann, wenn auch mit großer Überspannung. Die Reduktion der Chinone ist reversibel, weil hier die einzelnen Schritte der Elektronen- und Protonenanlagerung ($Chinon + \ominus + H^+ + \ominus + H^+ =$ Hydrochinon) alle ungehemmt sind. Die Anlagerung der Protonen erfolgt an O-Atome. Dagegen ist die Anlagerung von Protonen an C-Atome ebenso wie die Abdissoziation durch einen hohen Energieberg gehemmt.

		25° C	1025° C
IV.	a)	1,03 Volt	1,05 Volt[1]
	b)	1,33 „	0,88 „

Da (a) ohne Änderung, (b) mit Abnahme der Gasmolzahl verläuft, muß (b) einen negativen Temperaturkoeffizienten der EMK haben.

26. Aufgabe.

Da der Druck auch bei festgestelltem Kolben konstant bleibt, wenn der Cl_2-Vorrat m sehr viel größer ist als der Cl_2-Verbrauch n, können wir die Kompressionsarbeit beim Teilvorgang (2) einfach nach der Formel

$A_{Kompr.} = - p \cdot \Delta V$ berechnen[2]. In unserem Falle bei einem Verbrauch von $^1/_2$ Mol Cl_2 also

$$A_{Kompr.} = + {}^1/_2\,RT = + 286 \text{ cal} \quad \text{(allgemein: } - RT\,\Delta\Sigma\,n_{Gas})$$

(unabhängig von m, wenn nur $m \gg n$ ist). Für die „Gesamtarbeit" ergibt sich also tatsächlich eine Differenz, wenn die Reaktion einmal bei konstantem Volumen, einmal bei konstantem

---

[1] Wegen BOUDOUARD-Gleichgewicht (s. Aufgabe 10) auch theoretisch nicht erreichbar.

[2] Zum gleichen Ergebnis führt die Anwendung der Formel $A_{Kompr.} = - n\,RT \ln p_1/p_2$, wenn man berücksichtigt, daß das n dieser Formel durch die Molzahl m ersetzt werden muß, und der Quotient p_1/p_2 durch $\dfrac{p - dp}{p}$, eine Größe, die von 1 nur infinitisimal verschieden und gleich $\dfrac{m - n}{m} = 1 - \dfrac{n}{m}$ ist. Also $\ln \dfrac{p - dp}{p} = - \dfrac{n}{m}$.

Druck abläuft. Doch wirkt sich diese Differenz auf die gewinnbare elektrische „Nutzarbeit" nicht aus. Der Betrag $A_{\text{Kompr.}}$ fehlt, wenn bei konstantem Volumen gearbeitet wird, er tritt auf, wenn bei konstantem Druck gearbeitet wird, wird aber dann zum Konstanthalten des Druckes verbraucht — soweit es sich um die Kompressions*arbeit* handelt. $A_{\text{Kompr.}}$ kann nicht in elektrische Energie der galvanischen Kette verwandelt werden.

Dagegen wird die Kompressions*wärme* ($Q_{\text{Kompr.}} = - A_{\text{Kompr.}}$) ein bei der Wärmetönung mitgemessener Betrag sein. Also ist in unserem Beispiel

$$W_p - W_v = - {}^1/_2\, RT \quad (\text{allgemein}: \; + RT \cdot \Delta\Sigma\, n_{\text{Gas}}).$$

Da die Wärmemenge $Q_{\text{Kompr.}}$ reversibel bei der Temperatur T abgegeben wurde, ist die Kompressions*entropie* $\Delta S_{\text{Kompr.}}$ $= - {}^1/_2\, RT/T = - {}^1/_2\, R.$ Es ist also

$$\Delta S_p - \Delta S_v = - {}^1/_2\, R \quad (\text{allgemein}: \; + R\,\Delta\Sigma\, n_{\text{Gas}}).$$

Die GIBBS-HELMHOLTZschen Gleichungen lauten also

a) $\mathcal{N} = W_p - T \cdot \Delta S_p$; $\; -25870 \; \text{cal} = -30150 + 298 \cdot 14{,}4 \; \text{cal}$

b) $\mathcal{N} = W_v - T \cdot \Delta S_v$; $\; -25870 \; \text{cal} = -29850 + 298 \cdot 13{,}4 \; \text{cal}.$

Eleganter ist die Ableitung, wenn ein endlicher Vorrat an Chlor, aber ein infinitesimaler Reaktionsumsatz vorausgesetzt werden. Das Ergebnis unterscheidet sich nur in der Formulierung. Mit der „Reaktionslaufzahl" λ ($= 1$ bei vollem Formelsatz) ist der infinitesimale Wärmeumsatz $W \cdot d\lambda$, also

$$W_p = \left(\frac{\partial H}{\partial \lambda}\right)_{p,\,T}, \qquad W_v = \left(\frac{\partial U}{\partial \lambda}\right)_{v,\,T}$$

wobei sich dH und dU auf den Bruchteil $d\lambda$ eines vollen Formelumsatzes beziehen. Analog ist

$$\Delta S_p = \left(\frac{\partial S}{\partial \lambda}\right)_{p,\,T}, \qquad \Delta S_v = \left(\frac{\partial S}{\partial \lambda}\right)_{v,\,T}.$$

Für die Affinität gilt aber

$$\mathcal{N} = \left(\frac{\partial G}{\partial \lambda}\right)_{p,\,T} = \left(\frac{\partial F}{\partial \lambda}\right)_{v,\,T}.$$

Es gibt also nur *eine* Affinität. Bei *konstantem Volumen* wird die Arbeit $\Delta F \equiv \left(\frac{\partial F}{\partial \lambda}\right)_{v,\,T}$ in Nutzarbeit umgesetzt: $\mathcal{N} = \Delta F$. Bei *konstantem Druck* ist ΔF geändert, aber der hinzukommende Betrag (der beim Arbeiten unter Atmosphärendruck einer Entropievermehrung der Umgebung entstammt) ergibt zwar einen

Wärmeumsatz, aber keine Nutzarbeit. Diese ist unverändert geblieben und ist jetzt $N = \Delta G = \left(\dfrac{\partial G}{\partial \lambda}\right)_{p,\,T}$.

Als Antrieb der Reaktion wirkt nur die Nutzarbeit N.

27. Aufgabe.

I. a) Die Verdünnungsarbeit kann im Gedankenexperiment als osmotische Expansionsarbeit gewonnen werden:

$$A = +\ RT \ln c_2/c_1 = -\ 4{,}57 \cdot 298 \ \lg 10 = -\ 1364 \ \text{cal/Mol.}$$
$$\mu'' = \mu' - 1364 \ \text{cal}$$
$$a'' = a' \cdot 1/10.$$

b) Da das Kochsalz dissoziiert ist:

$$A = 2\ RT\ \ln \frac{c_2}{c_1} = -\ 2728 \ \text{cal/Mol.}$$
$$\mu'' = \mu' - 2728 \ \text{cal}$$
$$a'' = a' \cdot 1/100.$$

c) $\quad A = 3\ RT\ \ln \dfrac{c_2}{c_1} = -\ 4092 \ \text{cal/Mol.}$

$$\mu'' = \mu' - 4092 \ \text{cal}$$
$$a'' = a' \cdot 1/1000.$$

II. a) $a/a_0 = p'/p_0$; $a = 1/p_0$ (in at).
$\qquad a = 760/787{,}6 = 0{,}965.$
b) $a = 4{,}216/4{,}256 = 0{,}991.$

III. a) $W_{25°} = -\ 1920 \ \text{cal/Mol } H_2O$; nach KIRCHHOFF:
$$W_{32,38°} = 1871.$$
$w_{32,38} = -\ 1871/18{,}02 = -\ 104{,}9 \ \text{cal/g } H_2O \cdot$
$E_u = 1{,}79°[1]$

b) $\Delta S_1 = -\ 6{,}42 \ \text{Cl.}$ ($= \Delta S$ der Reaktion (1) bei $25°$ C).
$\qquad \Delta S_2 = -\ 1437/273 = -\ 5{,}62 \ \text{Cl.}$ (bei $0°$ C; Umrechnung von ΔS_1 und ΔS_2 auf gleiche Temperatur — mit Hilfe der Molwärmen — verringert den Unterschied zwischen beiden Größen).

IV. Um *ein Mol* von Volumem V_m an flüssigem Wasser bzw. Benzol aus einem Gefäß mit $p_1 = 1$ at in ein Gefäß mit $p_2 = 100$ at zu befördern, ist die Arbeit $A = V_m \cdot (p_2 - p_1)$ aufzuwenden. Also wird das chemische Potential um den Betrag von $A = 43$ cal (Wasser), bzw. 213 cal (Benzol) erhöht, die Aktivität um den Faktor 1,075 bzw. 1,43 (bei $25°$ C).

---

[1] Berechnet man nicht auf die Menge des in der Glaubersalzschmelze enthaltenen Wassers, sondern auf die Menge Glaubersalz (Molgewicht 322,2), so ist $E_u = 1{,}79 \dfrac{322{,}2}{10 \cdot 18} = 3{,}20$ (genauer: 3,25).

Bei $0°$ C wird das chemische Potential des Wassers durch die Druckerhöhung um 43,13 cal, das des Eises um 47,02 cal vergrößert, die Aktivität um den Faktor 1,083 bzw. 1,091. Das Eis hat also bei $0°$ und 100 at eine um fast 1% höhere Aktivität als das Wasser und ein um 4 cal höheres chemisches Potential und ist daher instabil.

28. Aufgabe.

I. Bei 0 at (ideal!) und $300°$ ist $pV = 2,1329$

bei 100 at und $300°$ ist $pV = 1,942$

also $f = 1,942/2,1329 = 0,91$.

Die starken Anziehungskräfte zwischen den NH_3-Molekeln kommen bei der durch den hohen Druck bewirkten Annäherung zur Auswirkung und vermindern die Aktivität (und das chemische Potential). Beim N_2 und H_2 fallen die Aktivitätskoeffizienten weniger ins Gewicht, da diese Molekeln geringere VAN DER WAALSsche Kräfte haben, was an der schwereren Kondensierbarkeit erkennbar ist.

Der vorhin für reines NH_3 unter Druck berechnete Aktivitätskoeffizient ist allerdings für NH_3 im Gemisch quantitativ nicht verwendbar.

II. a) $a = 212/760 = 0,279$ b) $a = 1,000$.

III. $a = 0,99$, da der Dampfdruck des Lösungsmittels um 1% erniedrigt wird. Für so geringe Konzentrationen kann ideales Verhalten angenommen werden.

IV.

	Äther	*Wasser*
in der Ätherphase	98,78 Gew.-% = **95,2** Mol-%	1,22 Gew.-% = 4,84 Mol-%
in der Wasserphase	6,48 Gew.-% = 1,66 Mol-%	93,52 Gew.-% = **98,3** Mol-%
Aktivität in beiden Phasen	0,952	0,983

V. a) $a_{Zn} = 1$, $a_{Hg} = 0,913$ b) $a_{Zn} = 0,087$

a) $N = 0$,   b) $N = RT \ln \dfrac{0,3}{3} = -1364$ cal.

VI. a) 100 kcal $= 4,18 \cdot 10^{12}$ erg $= 4,18 \cdot 10^{12}/c^2$ g $= 4,65 \cdot \cdot 10^{-9}$ g

b) $4 \cdot 1,0080 - 4,003 = 0,029$ g.

$$\textbf{VII.} \quad -{}^{B}\!N_{CaO} = -\mu_{CaO} = +\,151700\,+$$
$$+\,298\,(9{,}5-9{,}95-{}^{1}\!/_{2}49{,}03) = +\,144\,300 \text{ cal}$$
$$-{}^{B}\!N_{CO_2} = -\mu_{CO_2} = +\,94450\,+$$
$$+\,298\,(51{,}08-0{,}6-49{,}03) = +\,94\,900 \text{ cal}$$
$$+\,{}^{B}\!N_{CaCO_3} = +\mu_{CaCO_3} =$$
$$-\,289500-298\,(22{,}2-9{,}5-0{,}6-{}^{3}\!/_{2}49{,}03) = -\,271\,200 \text{ cal}$$
$$\overline{N = -\,32{,}0 \text{ kcal}}$$

29. Aufgabe.

I. $W = -\,121{,}2$ kcal; $\varDelta S = -\,25{,}4$ cal/grad; $N = -\,113{,}6$ kcal; $E = 2{,}46$ Volt.

Im wirklichen Akkumulator liegen die Reaktionsteilnehmer zum Teil nicht im Grundzustande, nicht als reine Stoffe vor. Vor allem sind H_2SO_4 und H_2O miteinander gemischt. Zu der Grundreaktionsarbeit N müssen noch die Restreaktionsarbeiten ${}^{R}\!N_i$ addiert werden, die mit der Überführung der Reaktionsteilnehmer aus dem Grundzustande in den tatsächlich im Akkumulator vorliegenden Zustand verknüpft sind.

II. Die Restreaktionswärme ist zu berechnen

a) für 2 Mol H_2SO_4. Da H_2SO_4 ein verschwindender Reaktionsteilnehmer ist, ist das Vorzeichen umzukehren: ${}^{R}W_{H_2SO_4} = +\,16{,}8 \cdot 2 = +\,33{,}6$ kcal.

b) für 2 Mol H_2O. $W_M = -\,16{,}8$ kcal bezog sich auf 16,3 Mole H_2O. Also ${}^{R}W_{H_2O} = -\,16{,}8 \cdot 2/16{,}3 = -\,2{,}0$ kcal.

Also $W = -\,121{,}2 + 33{,}6 - 2{,}0 = -\,89{,}6$ kcal.

Die Restreaktionswärmen vermindern also den Betrag der Wärmetönung. Analog ist eine Verminderung des Betrages der Affinität durch die Restreaktionsarbeiten zu erwarten.

III. $\varDelta S = -\,dN/dT = +\,2 \cdot 23\,050 \cdot 2{,}7 \cdot 10^{-4} = +\,12{,}4$ cal/grad.

$N = W - T \cdot \varDelta S = -\,89\,600 - 3\,700 \text{ cal} = -\,93$ kcal.

Hieraus ergibt sich $E = 2{,}0$ Volt.

IV. Bei 25° beträgt der Dampfdruck des reinen Wassers 23,756 Torr, der einer 3 m- ($= 25\%$) H_2SO_4 19,602 Torr. Da dies zugleich der Wasserdampfpartialdruck ist, so ist $a' = 19{,}60/23{,}76 = 0{,}825$.

$$\mu'_{H_2O} = \mu_{H_2O} + RT \ln 0{,}825 = \mu_{H_2O} - 114 \text{ cal.}$$

Die Restreaktionsarbeit für die Wasserverdünnung (2 Mole) beträgt somit

$$2\,RT \ln 0{,}825 = -\,228 \text{ cal}$$

und erhöht den Betrag der Affinität nur ganz unwesentlich.

V. Der gemessenen Spannung von 2,03 Volt entspricht eine Affinität von $- 2,03 \cdot 2 \cdot 23,05 = - 94$ kcal. Für die Reaktion mit H_2SO_4 im Grundzustande berechnete sich die Affinität zu $- 113,6 - 0,228 = - 113,8$ kcal. Die Restreaktionsarbeit pro Mol H_2SO_4 beträgt also $1/_2 \, (113,8 - 94) = 10$ kcal. Aus $- RT \ln a' = = 10\,000$ cal ergibt sich $a' = 10^{-7,3}$.

Zu diesen Berechnungen ist jedoch folgendes zu sagen:

Die am Kopfe dieser Aufgabe angegebene Reaktionsgleichung ist unsicher. Wahrscheinlich entsteht am $+$-Pol des stromliefernden Akkumulators nicht $PbSO_4$, sondern ein Gemenge basischer Bleisulfate. Der Verbrauch an Schwefelsäure ist dann geringer als in der Reaktionsgleichung angenommen wurde. Die in (II) und (III) durchgeführte Berechnung wird damit unsicher.

Zudem entstehen diese basischen Bleisulfate in einer nicht kristallinen und daher schwer definierbaren energiereichen Form. Es liegt also auch das $PbSO_4$ nicht im Grundzustande vor. Der Chemismus und die Thermodynamik des Bleiakkumulators sind bis heute noch nicht vollständig geklärt. Doch werden die an den obigen Rechnungen anzubringenden Korrekturen vermutlich nicht sehr erheblich sein.

30. Aufgabe.

I.
$$\frac{a_{Cl_2} \cdot a^6_{H_2O}}{a_{Cl_2 \cdot 6\,H_2O}} = K$$

oder, da die Aktivität des festen Hydrates als konstant anzusehen ist

$$a_{Cl_2} \cdot a^6_{H_2O} = K.$$

II. Die Aktivitäten können bei den hier als ideal anzusehenden Gasen (Cl_2) und Dämpfen (H_2O) proportional den Drucken gesetzt werden. Die Aktivität a'_{H_2O} des Wassers in 1 m–NaCl wird man auf $a_{H_2O} = 1$ für reines Wasser beziehen. Dann ist $a'_{H_2O} = 4,440/4,579 = 0,9696$. — Die Aktivitäten des Chlorgases im Gleichgewicht mit dem Hydrat wird man auf die Aktivität gleich 1 für Cl_2 von 1 at beziehen. Also in unserem Fall:

$$a_{Cl_2} = 252/760 = 0,331 \quad \text{und} \quad a'_{Cl_2} = 304/760 = 0,400.$$

Nach (I) ist

$$a_{Cl_2} \cdot a^x_{H_2O} = a'_{Cl_2} \cdot a'^x_{H_2O}$$

also

$$x = \frac{\lg a_{Cl_2} - \lg a'_{Cl_2}}{\lg a'_{H_2O} - \lg a_{H_2O}} = \frac{\lg 252 - \lg 304}{\lg 4,440 - \lg 4,579} = 6,1.$$

III. Für Bildung des Chlorhydrates bei $0°$ C aus 1 Mol Cl_2-Gas und

	W	N	ΔS
a) Wasser	-15500 cal	-600 cal	-54 Cl
b) Eis	-7100 cal	-600 cal	-24 Cl

IV. $W_a - W_b$ ist die Schmelzwärme der Wassermenge, die von 1 Mol Cl_2 im Hydrat gebunden ist. Also

$$x = (15\,500 - 7100)/1437 = 5{,}8.$$

Anders berechnet ergibt sich aus dem Dampfdruck des Wassers bei $-5°$ (3,158 Torr) und des Eises bei $-5°$ (3,008 Torr) und aus den in (III) angegebenen Dissoziationsdrucken des Hydrates bei $-5°$ in Gegenwart von Wasser (148 Torr) bzw. von Eis (197 Torr):

$$x = \frac{\lg 197 - \lg 148}{\lg 3{,}158 - \lg 3{,}008} = 5{,}8^1.$$

V.
$$-\mu_{Cl_2} - x \cdot \mu_{H_2O} + \mu_{Cl_2 \cdot xH_2O} = 0,$$
$$\mu_{Cl_2} + x \cdot \mu_{H_2O} = \mu'_{Cl_2} + x \cdot \mu'_{H_2O},$$

wenn sich die μ_i auf das System (a) mit reinem Wasser, die μ'_i auf das System (b) mit 1 m-NaCl beziehen.

$$x = \frac{\mu'_{Cl_2} - \mu_{Cl_2}}{\mu_{H_2O} - \mu'_{H_2O}} = \frac{RT\,(\ln a'_{Cl_2} - \ln a_{Cl_2})}{RT\,(\ln a_{H_2O} - \ln a'_{H_2O})} = 6{,}1.$$

31. Aufgabe.

	W (kcal)	ΔS (Cl.)	N (kcal)
I.	$-14{,}69$	$+0{,}3$	$-14{,}8$
II.	$+0{,}0_6$	$-2{,}0_5$	$+0{,}7$
III.	$-9{,}55$	$-34{,}15$	$+0{,}6_3$
IV.	$+1{,}31$	$-0{,}_1$	$+1{,}3_3$
V. a)	$-47{,}9$	$+1{,}6$	$-48{,}4$
b)	$-5{,}7$		-6 (geschätzt)
c)	$+9{,}4$	$+0{,}2$	$+9{,}4$

Zu **I.** Zusatz von Wasser ändert die Affinität nicht, so lange die Salze noch als Bodenkörper vorliegen. Jedoch wirkt Wasser als Katalysator für die Reaktion. „Corpora non agunt nisi soluta" ist freilich eine überholte Regel.

---

[1] Die Kristallstruktur läßt $x = 46/8 = 5{,}75$ erwarten, da der Elementarbereich ein Gerüst aus 46 Wassermolekeln mit 8 Hohlräumen enthält. Doch sind vielleicht nicht alle Hohlräume mit einer Cl_2-Molekel gefüllt.

Zu III. Die Entropie der Reaktion ist stark negativ, weil die Entropie des flüssigen Wassers beim Übergang in den Zustand des Kristallwassers etwa ebenso stark abnimmt, wie beim Gefrieren. (Vgl. Aufgabe 27 III.)

Umrechnung der Affinitäten der Reaktionen II und III auf $32°$ C ergibt $\mathfrak{N}_{II} = + 0{,}7$, $\mathfrak{N}_{III} = + 0{,}8$ kcal. Die Übereinstimmung ist also nicht vollkommen.

Zu IV. Hinzuzufügen ist, falls Wasser zugegeben wird, die Affinität der Reaktion

$$NaBr + 2\,H_2O \text{ (fl.)} = NaBr \cdot 2\,H_2O,$$

die ein negatives Vorzeichen haben muß. Jedoch kann diese Affinität bei $25°$ nicht groß sein, da sie bei $50{,}7°$ gleich null wird. Aus der Löslichkeitskurve von $NaBr$ oberhalb $50{,}7°$ läßt sich eine Löslichkeit von 115 g $NaBr/100$ g H_2O bei $25°$ abschätzen. Für $NaBr \cdot 2\,H_2O$ als Bodenkörper beträgt die Löslichkeit $94{,}5$ g $NaBr/100$ g H_2O (siehe D'Ans-Lax, S. 917). Die $NaBr$-Aktivitäten beider Lösungen stehen also ungefähr in dem Verhältnis $(115/94{,}5)^2 = 1{,}5$. Die Affinität der Reaktion $NaBr + 2\,H_2O = NaBr \cdot 2\,H_2O$ beträgt also etwa $- RT \ln 1{,}5 = - 230$ cal. Also wird die Reaktion IV auch bei Gegenwart von Wasser vollständig von rechts nach links verlaufen.

Zu V. Da die Reaktionsentropien sehr klein sind, ist eine Erhöhung der Temperatur auf $100°$ praktisch ohne Einfluß auf die Affinitäten.

In Gegenwart von Wasser geht bei $100°$ nur der Bodenkörper Na_2CO_3 in $Na_2CO_3 \cdot 1\,H_2O$ über. Auch dies ist aber aus analogen Gründen wie bei (IV) ohne merklichen Einfluß auf die Affinitäten.

Da eine gesättigte Lösung annähernd gleiche Mengen Na_2SO_4 und Na_2CO_3 enthält, ergibt eine Lösung mit diesem Mengenverhältnis eine unveränderte Affinität.

Für die Mengenverhältnisse $1:10$, bzw. $1:100$, bzw. $1:1000$ ändern sich die Affinitäten um $3\,RT \ln 10$ (bzw. 100, bzw. 1000) $= + 4$, bzw. $+ 8$, bzw. $+ 12$ kcal. Im letzten Fall wird sich also $SrSO_4$ in $SrCO_3$ verwandeln.

Anhang.

Zur Klärung des Affinitätsbegriffes.

Die *Affinität* N, die im Mittelpunkt dieser Aufgabensammlung steht, ist die Änderung der „*freien Enthalpie*" bei der Reaktion $(N = \Delta G)$, ebenso wie die hier stets ins Auge gefaßte *Wärmetönung* bei konstantem Druck die Änderung der *Enthalpie* ist $(W = \Delta H)$.

Um die Bedeutung dieser Begriffe und der wichtigen Gleichungen

$$N = - RT \ln K_p \quad \text{und} \quad N = W - T \cdot \Delta S$$

klar herauszustellen, seien die Zusammenhänge hier an dem konkreten Beispiel des Ammoniakgleichgewichtes diskutiert.

Das Ausgangssystem bestehe aus getrennten Vorräten von N_2 und H_2 bei den beliebigen Drucken p_{N_2} und p_{H_2}. Ein drittes Vorratsgefäß mit NH_3 bei dem Druck p_{NH_3} soll das Endprodukt der Reaktion aufnehmen. Die Drucke können verschieden sein, aber die Temperaturen aller Vorratsgefäße seien gleich. Alle Vorratsgefäße sind Zylinder mit Kolben, auf denen die Drucke p_i lasten, so daß die Drucke bei Entnahme oder Zuführung von Gas unverändert bleiben. Beistehende Abbildung 1 zeigt diese „*Vorratszylinder*".

Mit Hilfe eines van't Hoffschen *Gleichgewichtskastens* stellen wir nun in 6 Schritten aus 1 Mol N_2 und 3 Molen H_2 im Gedankenexperiment 2 Mole NH_3 her. Im Gleichgewichtskasten herrscht wieder die Temperatur T, aber die Drucke seien $*p_{N_2}$, $*p_{H_2}$ und $*p_{NH_3}$. Und zwar soll es sich hierbei um Gleichgewichtsdrucke handeln. Die sofortige Einstellung des Gleichgewichtes im Kasten wird durch einen Katalysator verbürgt.

In die Wand des Kastens sind halbdurchlässige Membranen eingebaut, die jeweils nur für eines der drei Gase durchlässig sind, im übrigen aber auch ganz verschlossen werden können.

Zur Überführung der Gase aus den „Vorratszylindern" in den Gleichgewichtskasten und umgekehrt stehen uns „*Arbeitszylinder*" mit beweglichen Kolben zur Verfügung. Diese gestatten es uns, die Arbeitsbeträge, die bei den einzelnen Schritten des Vorganges zu gewinnen oder aufzuwenden sind, *nach außen* abzuführen

— z. B. indem Gewichte gehoben oder gesenkt werden. Nach außen abgegebene Arbeits- und Wärmebeträge (A und Q) versehen wir mit negativen Vorzeichen.

Die *Gültigkeit des idealen Gasgesetzes* wird vorausgesetzt. Also $A = - p\,v = - n\,RT$ beim Einströmen von n Molen Gas bei konstantem Druck in den Arbeitszylinder; und $A = - n\,RT \ln p_1/p_2$ bei isothermer Expansion oder Kompression von n Molen Gas.

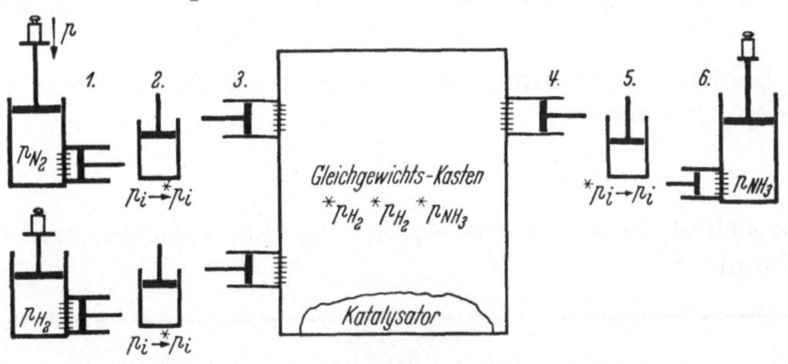

Abb. 1.

Dann ergibt sich für die 6 Schritte:

1. Schritt (s. Abb. 1). Entnahme der Ausgangsgase aus den Vorratszylindern in die Arbeitszylinder:

$$A_1 = - p_{N_2} \cdot V_{N_2} - p_{H_2} \cdot 3\,V_{H_2} = - 4\,RT \qquad \| \quad Q_1 = 0$$

2. Schritt. Isotherme Kompression oder Expansion von der Drucken p_i auf ${}^*p_i$:

$$A_2 = - RT \ln \frac{p_{N_2}}{{}^*p_{N_2}} - 3\,RT \ln \frac{p_{H_2}}{{}^*p_{H_2}} = - RT \ln \frac{p_{N_2} \cdot p_{H_2}^3}{{}^*p_{N_2} \cdot {}^*p_{H_2}^3}$$

$$\| \quad Q_2 = - A_2$$

3. Schritt. Einführung der Ausgangsgase bei den Drucken ${}^*p_i$ in den Gleichgewichtskasten:

$$A_3 = + 4\,RT = - A_1.$$

4. Schritt. Gleichzeitig mit der Einführung der Ausgangsgase ($N_2 + 3\,H_2$) entnehmen wir die Endgase ($2\,NH_3$), die aus ersteren entstehen, so daß im Gleichgewichtskasten keine Druckänderungen stattfinden. Während der Schritte 3 und 4 findet im Gleichgewichtskasten die Reaktion $N_2 + 3\,H_2 = 2\,NH_3$ statt. Der Wärmeumsatz $Q_{3,4}$ entspricht also der Wärmetönung bei konstantem Druck W ($= W_p$)[1]. In den Arbeitszylindern wird durch

---

[1] Obgleich die Reaktion im Kasten reversibel verläuft, wird nicht die Wärmemenge Q_{rev} (gebundene Wärme) umgesetzt, sondern — da die Reaktion ohne Arbeitsleistung verläuft — die volle Wärmetönung W_p.

das Ein- und Ausführen der Gase keine Wärme umgesetzt (wohl aber Arbeit)   Also: $\| \; Q_{3,4} = W$

$$A_4 = - \, {}^*p_{NH_3} \cdot 2 \, V_{NH_3} = - \, 2 \, RT$$

5. Schritt: Isotherme Expansion oder Kompression der Endgase:

$$A_5 = - \, 2 \, RT \ln \frac{{}^*p_{NH_3}}{p_{NH_3}} = + \, RT \ln \frac{p_{NH_3}^2}{{}^*p_{NH_3}^2} \qquad \Big\| \; Q_5 = - \, A_5$$

6. Schritt. Einführung der Endgase in die Vorratszylinder bei den Drucken p_i:

$$A_6 = + \, 2 \, RT \qquad\qquad\qquad \| \; Q_6 = 0$$

Da sich A_1 und A_3 sowie A_4 und A_6 kompensieren, ergibt sich als Summe:

$$\mathcal{N} = A_2 + A_5 = - \, RT \ln \frac{p_{N_2} \cdot p_{H_2}^3}{p_{NH_3}^2} - RT \ln \frac{{}^*p_{NH_3}^2}{{}^*p_{N_2} \cdot {}^*p_{H_2}^3} \qquad \text{(a)}$$

Restreaktions-
arbeit   Grundreaktionsarbeit
(Grundaffinität)

$$Q_{rev} = - \, A_2 - A_5 + W = - \, \mathcal{N} + W. \qquad \text{(b)}$$

Ableitung des Massenwirkungsgesetzes. Denken wir uns den Gleichgewichtskasten durch einen anderen ersetzt, in dem die Drucke ${}^*p'_{N_2}$, ${}^*p'_{H_2}$, ${}^*p'_{NH_3}$ herrschen — z. B. sei N_2 im Überschuß vorhanden; oder es sei der Gesamtdruck im Kasten nun ein anderer. Die *Vorrats*drucke p_i seien aber unverändert wie vorhin. Dann muß auch die Gesamtarbeit $\mathcal{N}$ unverändert sein ($\mathcal{N}' = \mathcal{N}$), weil bei *isothermen* Vorgängen die Arbeit unabhängig vom Wege ist.

Aus $\mathcal{N}' = \mathcal{N}$ und Gl. (a) folgt

$$\frac{{}^*p_{NH_3}^2}{{}^*p_{N_2} \cdot {}^*p_{H_2}^3} = \frac{{}^*p'^2_{NH_3}}{{}^*p'_{N_2} \cdot {}^*p'^3_{H_2}} = K_p. \qquad \text{(c)}$$

Sind an der Reaktion *kondensierte Stoffe* beteiligt, so sind die bei den Schritten 2 und 5 umgesetzten Arbeitsbeträge wegen der geringen Kompressibilität der festen und flüssigen Stoffe verschwindend klein. Daher erscheinen kondensierte Stoffe nicht im Ausdruck der Gleichgewichtskonstanten.

Statt bei der Ableitung des Massenwirkungsgesetzes die (Partial-) Drucke der Gase zu verwenden, kann auch von den

Konzentrationen oder Molenbrüchen ausgegangen werden[1]. Dies hat den Vorteil, daß diese Größen stets angebbar sind. Die Partialdrucke im Gleichgewichtskasten sind dagegen aus dem Gesamtdruck und der Zusammensetzung nur dann angebbar, wenn die Gültigkeit des DALTONschen Gesetzes der Partialdrucke vorausgesetzt werden kann, d. h. wenn die idealen Gasgesetze gelten. Wir haben hier trotzdem die Drucke benutzt, weil die kalorischen Tabellen, die die Grundlage unserer Rechenaufgaben bilden, sich auf Drucke beziehen, indem als Grundzustand der Reaktionsteilnehmer der Zustand beim (idealisierten) Druck von 1 at angenommen wird. Für Näherungsrechnungen, die ideales Gasverhalten voraussetzen, ist dies am bequemsten. — Die Berechnung der Gleichgewichtskonstanten führt also hier stets zum Zahlenwert von K_p.

Die Grundaffinität. Sind alle Ausgangs- und Enddrucke $p_i = 1$ (at), so ist nach Gl. (a)

$$\mathcal{A} = - RT \ln K_p.$$

Für kondensierte Teilnehmer einer Grundreaktion ist nur zu verlangen, ·daß sie in *reinem* Zustand vorliegen, so daß sie direkt ohne Trennungsarbeit in den (oder aus dem) Gleichgewichtskasten befördert werden können.

Andernfalls sind Restreaktionsarbeiten in Rechnung zu setzen (s. S. 4/5 und 62).

Die GIBBS-HELMHOLTZsche Gleichung. Aus Gl. (b) folgt

$$\mathcal{A} = W - Q_r \qquad (Q_r = \text{„gebundene Wärme“})$$

und mit der thermodynamischen Definition $\Delta S = \dfrac{Q_r}{T}$:

$$\mathcal{A} = W - T \cdot \Delta S.$$

Die unanschauliche Größe Q_r wird durch diese Umformung in $T \cdot \Delta S$ anschaulich: Das Entropieglied zeigt nunmehr sofort an, daß die Differenz zwischen $\mathcal{A}$ und W mit der absoluten Temperatur wächst. Den ungefähren Betrag der Reaktionsentropie ΔS und ihr Vorzeichen kann man der Reaktionsgleichung oft ohne weiteres entnehmen, wenn man die atomistische Deutung der Entropie als Trieb zur „Unordnung“ zu Hilfe nimmt. (Siehe z. B. Aufgabe 3).

---

[1] In diesem Falle erhalten *beide* Glieder der rechten Seite von Gl. (a) andere Zahlenwerte — falls $\Sigma\, n_{\text{Gas}} \neq 0$ — jedoch so, daß die Summe beider Glieder und damit $\mathcal{A}$ unverändert bleiben.

Konzentrationen statt Drucke (und K_c statt K_p) wird man benutzen, wenn die Reaktion bei konstantem Volumen vor sich geht. Dies ist vor allem bei *Reaktionen in Lösung* der Fall (vgl. Aufgabe 24).

Reaktionen in homogener Phase. Liegen die Reaktionsteilnehmer nicht in getrennten Vorratszylindern, sondern in einem homogenen Gemisch vor, so kann die Reaktion zu einer Arbeitsleistung direkt nicht veranlaßt werden. Trotzdem hat die Frage nach der Affinität als „Triebkraft" der Reaktion eine erhebliche Bedeutung. In diesem Falle ergibt sich die Affinität auf dem Umwege einer Trennung: Es gilt Gl. (a), indem man in das erste Glied für p_i die tatsächlichen *Partialdrucke* der Gase einsetzt, für $*p_i$ die angestrebten Gleichgewichtsdrucke.

Die Reaktion wird im homogenen abgeschlossenen System so lange laufen können, bis die Partialdrucke solche Werte erreicht haben, daß das erste Glied der Gl. (a) dem zweiten Gliede mit umgekehrtem Vorzeichen gleich geworden ist, also gleich $+ RT \ln K_p$. Dann ist mit $N = 0$ das Gleichgewicht erreicht.

Im Sinne der GIBBS-HELMHOLTZschen Gleichung bedeutet dies: Die Reaktion kann so lange laufen, bis das Entropieglied dem Energieglied gleich geworden ist. Bei idealem Verhalten ist die Reaktionsenergie von den Partialdrucken unabhängig, während die Reaktionsentropie $(\partial S/\partial \lambda)$ sich mit diesen beim Reaktionsablauf ändert, bis das Entropieglied dem Energieglied gleich geworden ist.

Die freie Energie und die freie Enthalpie. Die vorstehende Abbildung mit dem Gleichgewichtskasten macht es deutlich, daß außer den von den *Arbeits*zylindern umgesetzten Arbeitsbeträgen (der Nutzarbeit) auch von den *Vorrats*zylindern Volumarbeit geleistet wird. Im konkreten Fall der Reaktion $N_2 + 3 H_2 = 2 NH_3$ ergibt sich dieser Arbeitsbetrag zu $RT + 3 RT - 2 RT = + 2 RT$. Allgemein: $- RT \, \Sigma n_{\text{Gas}}$, wenn n die Molzahlen der beteiligten Gase sind (die der verschwindenden mit negativem Vorzeichen genommen).

Dieser Arbeitsbetrag $- RT \, \Sigma n_{\text{Gas}}$ tritt also dann auf, wenn die Gasmolzahl sich ändert und wenn die Reaktion bei konstantem Druck verläuft. Er dient dazu, die Drucke der Gase konstant zu halten oder — wenn die Reaktion in einem Gemisch verläuft — den Gesamtdruck beim Reaktionsablauf konstant zu halten, d. h. die Volumänderung gegen den äußeren Druck durchzusetzen. Dieser Arbeitsbetrag ist also nicht „nutzbar". Er wird auch *nicht als Triebkraft für die Reaktion wirksam*, was die Aufgaben Nr. 25 und 26 verdeutlichen sollen.

Wenn eine Reaktion bei konstant gehaltenem Volumen läuft, so tritt die gesamte Arbeit als Nutzarbeit N auf. Verläuft die Reaktion bei konstantem Druck, so ist die gesamte Arbeit um den Betrag $- RT\,\Delta\Sigma n_{\mathrm{Gas}}$ geändert, aber die Nutzarbeit ist die gleiche wie vorhin.

Die *gesamte* Reaktionsarbeit faßt man als Änderung der Zustandsfunktion „*freie Energie*" F auf. Bei *Konstanthalten des Volumens* ist also $N = \Delta F_v$.

Bei *Konstanthalten des Druckes* ist ΔF um den Betrag $- p \cdot \Delta V$ verändert, wenn ΔV die Volumzunahme bei der Reaktion ist. Die Affinität ist aber unverändert. Will man sie auch jetzt als Änderung einer Zustandsfunktion formulieren, so muß man diese — als „*freie Enthalpie*" bezeichnete Funktion — mit $G = F + pV$ definieren. Dann ist $N = \Delta G_p$.

Ungültigkeit der Gasgesetze. Aktivitäten. Wenn bei den gegebenen Genauigkeitsansprüchen die Abweichungen von dem idealen Gasgesetz nicht mehr unberücksichtigt bleiben können, so ist es nicht mehr möglich, die Arbeiten für die Überführung der Reaktionsteilnehmer aus dem Vorratsgefäß in den Gleichgewichtskasten (und umgekehrt) so zu berechnen, wie dies S. 61/62 geschah. Gl. (a) ist nicht mehr anwendbar. Die Arbeitsbeträge müssen als solche ermittelt werden.

Formal kann man diese Arbeitsbeträge mit Hilfe des „chemischen Potentials" ausdrücken, worauf im folgenden Abschnitt kurz eingegangen wird. Zunächst sei hier die Formulierung der Arbeitsbeträge mit Hilfe der *Aktivitäten* besprochen. Es wird für diese gesetzt

$$A_i = n_i\,RT\,\ln \frac{a_i}{{}^{*}a_i}, \tag{d}$$

wobei a_i die Aktivität des Stoffes i im gegebenen Zustand und ${}^{*}a_i$ die im angestrebten Gleichgewichtszustand ist. Für verschwindende Stoffe ist die Molzahl n_i negativ.

Damit treten auch in Gl. (a) und (c) an Stelle der Drucke die Aktivitäten[1].

Analog Gl. (d) ist die Aktivität stets definiert als das *Verhältnis zweier Aktivitäten* a_1/a_2, und zwar durch die aufzuwendende reversible Arbeit für die Überführung eines Moles des betreffenden Stoffes aus dem Zustand 1 in den Zustand 2:

$$A_{1\to2} = RT\,\ln \frac{a_2}{a_1} \qquad \text{oder} \qquad a_1 = a_2 \cdot \exp \frac{-A_{1\to2}}{RT}.$$

---

[1] Genau genommen bezeichnet man die mit dem Aktivitätskoeffizienten multiplizierten Drucke als *Fugazitäten*, die mit dem Aktivitätskoeffizienten multiplizierten Konzentrationen als Aktivitäten. Um die Darstellung möglichst einfach zu halten, benutzen wir das Wort Aktivität als Oberbegriff.

Um für irgendeine Aktivität a_1 einen Betrag angeben zu können, ist es also notwendig, durch Definition festzulegen, welchem Vergleichszustand 2 des Stoffes als „Grundzustand" die Aktivität $a_2 = 1$ zugeschrieben werden soll.

Für diese Definition sind zwei verschiedene Festlegungen üblich:

a) Liegt der Stoff als Gas oder in Lösung vor, so setzt man für einen beliebigen aber so geringen Druck (bzw. Konzentration), daß bei diesem „ideales" Verhalten angenommen werden kann (bei dem also die Aktivität proportional dem Druck bzw. der Konzentration ist), die Aktivität gleich dem Druck: $a = p$ (bzw. $a = c$)[1].

Die Aktivität $a = 1$ wird dann im allgemeinen nicht bei $p = 1$ (bzw. $c = 1$) erreicht, sondern bei einem größeren oder kleineren Druck (s. Abb. 2). Man denkt sich das Gas mit $a = 1$ aber in einem hypothetischen, idealisierten Zustand, nämlich dem, in dem sich die gestrichelten Geraden der Abb. 2 schneiden. In Wirklichkeit ist das Gas bei dem entsprechenden Druck vielleicht schon kondensiert. Beim Bromdampf z. B. ist bei 25° C dieser Zustand der Aktivität 1 nur als Zustand eines stark übersättigten

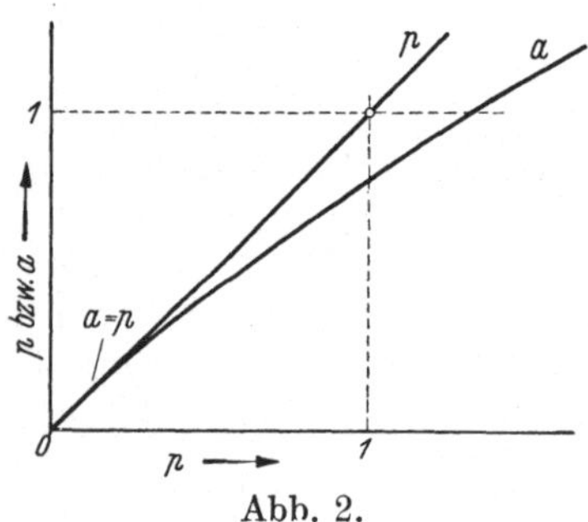

Abb. 2.

Dampfes vorstellbar (vgl. Aufgabe 7). Analog ist wegen der Löslichkeitsverhältnisse eine Konzentration mit der Aktivität 1 oft nicht erreichbar. — .Die Zweckmäßigkeit der Festlegung eines solchen hypothetischen *Grundzustandes* liegt darin, daß man ihn für alle kleinen Drucke, bzw. Konzentrationen als bequemen Ausgangspunkt der Rechnung benutzen kann.

b) Ist der betrachtete Stoff der Hauptbestandteil des Mischsystems, das „Lösungsmittel", so ist es zweckmäßig, das reine flüssige oder feste Lösungsmittel als Grundzustand mit der Aktivität 1 zu benutzen[2]. Durch einen darin gelösten Stoff wird die

---

[1] Der Druck p wird hierbei wohl immer in Atmosphären gemessen. Die Konzentration c kann aber in verschiedener Weise angegeben sein, z. B. in Mol pro Liter oder — rationeller — als Molenbruch. Daher gibt es verschiedene Möglichkeiten für die Festlegung eines Aktivitätsmaßstabes.

[2] Genau genommen genügt die Reinheit des Stoffes noch nicht, um ihn im so definierten Grundzustand zu haben. Ein sehr fein verteilter Stoff

Aktivität des Lösungsmittels in demselben Maße verringert, wie der Dampfdruck des Lösungsmittels. (Hierzu Aufgabe 27 III, IV, V).

Jede Aktivitätsangabe ist also nur dann eindeutig, wenn angegeben ist, auf welchen Grundzustand ($a = 1$) die Angabe bezogen ist, da erst hierdurch der Maßstab der Aktivitätswerte festgelegt ist.

Wichtig ist nun folgender Satz: *Die Aktivität eines Stoffes, der sich im Gleichgewicht auf mehrere Phasen verteilt hat, ist in allen Phasen gleich* (falls die Aktivität in allen Phasen mit dem gleichen Maßstab gemessen ist). Z. B. ist die Aktivität einer Flüssigkeit (rein — oder — gelöste Stoffe enthaltend) gleich der Aktivität ihres gesättigten Dampfes. Jod verteilt sich auf Wasser und Schwefelkohlenstoff und auf die Dampfphase so, daß die Aktivität in allen Phasen gleich ist. In einer Wasserstoffelektrode sind die Aktivitäten des im Platin gelösten, des am Platin adsorbierten, des in der wässerigen Phase gelösten Wasserstoffs alle gleich der Aktivität des gasförmigen Wasserstoffs, also alle gleich 1, wenn für das Gas $a = 1$ ($= p$) gesetzt wird.

Das chemische Potential μ. Vorbereitend sei folgendes wiederholt:

Das „*Reaktionsvolumen*" ΔV ergibt sich zu

$$\Delta V = \Sigma\, n_i\, V_i,$$

wenn V_i die Molvolumina der Reaktionsteilnehmer sind, und n_i deren Molzahlen, wobei für verschwindende Stoffe ein negatives Vorzeichen zu setzen ist.

Für die *Wärmetönung* gilt analog

$$W_v \equiv \Delta U = \Sigma\, n_i\, U_i.$$

Mit den verschwindenden (entstehenden) Stoffen verschwinden (entstehen) zugleich ihre Volumina V_i bzw. Energieinhalte U_i. Jedoch ist — im Gegensatz zu den Volumina V_i — für die Energieinhalte U_i der Einzelstoffe nicht ohne weiteres ein Betrag anzugeben. Theoretisch am richtigsten wäre es, hierfür den aus der Relativitätstheorie abgeleiteten Betrag $U_i = m_i \cdot c^2$ (m = Mole-

---

hat infolge der Oberflächenenergie (eventuell auch infolge von Gitterstörungen) eine erhöhte Aktivität. So erhält man durch vorsichtige Entwässerung von Hydroxyden „aktive Oxyde", durch vorsichtige Reduktion von Oxyden „aktive Metalle", z. B. pyrophores Eisen. Die Bezeichnung „aktiv" bezieht sich hierbei allerdings vor allem auf die kinetische Aktivität, die Reaktionsfreudigkeit. Jedoch ist bei sehr feiner Verteilung auch eine Erhöhung der thermodynamischen Aktivität festzustellen.

kulargewicht, c = Lichtgeschwindigkeit) anzusetzen. Im Prinzip könnten also die U_i durch Wägung bestimmt werden, doch ist praktisch hiermit nichts anzufangen, da ΔU dann in der Fehlergrenze verschwindet (vgl. hierzu Aufgabe 27 VI). Man wählt daher für U ein höheres „Nullniveau", da es auf dessen Höhe für die beabsichtigte Differenzbildung nicht ankommt und die Genauigkeit um so größer wird, je kleiner die zu messenden Beträge sind. So wird man z. B., um die Differenz der Höhe zweier Berge zu ermitteln, nicht die Abstände ihrer Gipfel etwa vom Erdmittelpunkt, sondern vom Meeresniveau, wenn nicht von einem noch höheren Niveau aus messen. Der Energieinhalt U_i einer Verbindung kann z. B. von dem *Niveau der Elemente* aus gemessen werden, so daß U_i = Bildungswärme ^BW_i gesetzt wird. Dann ist

$$W_v = \Delta U = \Sigma\, n_i\, {}^BW_i$$

Analog $\qquad W_p = \Delta H = \Sigma\, n_i\, {}^BH_i.$

Auf diesem Wege werden im Rahmen dieser Aufgabensammlung alle Wärmetönungen berechnet. Veranschaulicht ist dies in folgendem Schema:

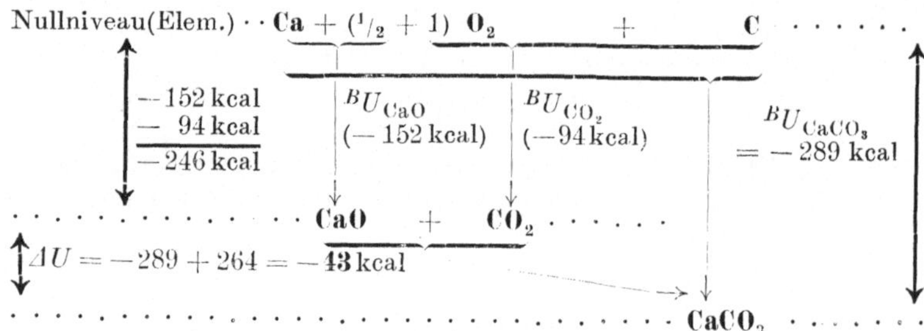

Die *Affinität* einer Reaktion kann nun in analoger Weise aufgefaßt werden als Resultante einer mit den Reaktionsteilnehmern verschwindenden bzw. entstehenden Größe, der man die Bezeichnung „*chemisches Potential*" μ_i zugelegt hat, wobei auch diese Größe auf 1 Mol des Stoffes bezogen ist. Also gilt

$$\mathcal{A} = \Sigma\, n_i\, \mu_i.$$

Nun fehlt es bei der Größe μ an jeder Möglichkeit, ein absolutes Nullniveau festzulegen. Man kann aber auch hier ein willkürliches Nullniveau wählen. Z. B. das der Elemente. Dann wird μ_i gleich der „*Bildungsarbeit*" ($^B\mathcal{A}_i$) der Verbindung. Es ergibt sich dann ein dem vorstehenden ganz analoges Schema, indem an Stelle der Bildungswärmen die Bildungsarbeiten einzusetzen sind, und statt der Wärmetönung die Affinität erscheint. Für die Reaktion $CaO + CO_2 = CaCO_3$ beispielsweise wird dann

$$\mathbf{N} = -\mu_{CaO} - \mu_{CO_2} + \mu_{CaCO_3} = +144{,}3 + 94{,}4 - 271{,}2 = -32{,}0 \text{ kcal.}$$ (Vgl. Aufgabe 27 VII.)

Man kann aber auch ein anderes Nullniveau wählen, z. B. das der Verbindungen CaO und CO_2, indem man $\mu_{CaO} = 0$ und $\mu_{CO_2} = 0$ setzt. Dann ist $\mu_{CaCO_3} = -32{,}0$ kcal $= \mathbf{N}$. Die Absolutbeträge von μ_i sind also erst nach Festlegung eines Nullniveaus definiert.

Die chemischen Restpotentiale. Die vorstehenden Ausführungen bezogen sich auf Reaktionen, bei denen die Ausgangs- und Endstoffe im *Grund*zustand vorliegen: Reine Stoffe bei 1 at Druck. Die Stoffe CaO, $CaCO_3$ und CO_2 lösen sich gegenseitig nicht, so daß sie auch ohne getrennte Vorratsbehälter im Reaktionsgemenge rein vorliegen. Wenn die Reaktionsteilnehmer jedoch merklich ineinander löslich sind und nicht getrennt sind, so liegen sie nicht im Grundzustand vor. Ebenso, wenn ihre Drucke oder Konzentrationen nicht der „Grundbedingung" $p = 1$, bzw. $c = 1$ genügen. Beispielsweise sei die Reaktion $CaO + CO_2$ ($p = 3 \cdot 10^{-4}$ at) $= CaCO_3$ betrachtet, bei der also der CO_2-Druck dem CO_2-Gehalt der Erdatmosphäre (0,03 Mol-%) entspricht. Die Affinität der Reaktion ist dann um den Betrag der Arbeit $- RT \ln 3 \cdot 10^{-4}/1 = +4{,}8$ kcal geändert. Dieser bereits S. 62 als Restreaktionsarbeit bezeichnete Betrag wird in der Sprache der μ-Thermodynamik „chemisches Restpotential" $^R\mu$ genannt. Bezeichnen wir das Grundpotential mit $\boldsymbol{\mu}$, so ist

$$\mu_i = \boldsymbol{\mu}_i + {}^R\mu_i.$$

Das Restpotential $^R\mu_{CO_2}$ haben wir unter Annahme des idealen Gasgesetzes zu $^R\mu_{CO_2} = +4{,}8$ kcal berechnet. Ist die Anwendung des Gasgesetzes nicht zulässig, so ist

$$^R\mu_i = RT \ln a_i.$$

Somit $$\mu_i = \boldsymbol{\mu}_i + RT \ln a_i.$$

Vorausgesetzt ist hierbei, daß für den Grundzustand, dem das chemische Grundpotential $\boldsymbol{\mu}_i$ zugeschrieben wird, die Aktivität des Stoffes gleich 1 gesetzt worden ist.

Es ist also

$$\mathbf{N} = \Sigma\, n_i\, \boldsymbol{\mu}_i; \qquad \mathbf{N} = \Sigma\, n_i\, \mu_i = \mathbf{N} + RT\, \Sigma \ln a_i.$$

Hieraus ergibt sich, daß die Einführung des chemischen Potentials nur eine abgewandelte Darstellungsweise der Gegebenheiten, die sich auch mit Hilfe des Aktivitätsbegriffes behandeln lassen.

bedeutet. Die chemischen Potentiale stehen zu den Aktivitäten in einer ähnlichen (logarithmischen) Beziehung wie das p_H zur H^+-Ionen-Konzentration. Es ist grundsätzlich gleichgültig, mit welchem der beiden Begriffe — p_H oder $[H^+]$, bzw. μ oder a — gearbeitet wird.

Das Massenwirkungsgesetz in seiner exakten Form kann entweder mit den Aktivitäten oder den chemischen Potentialen formuliert werden, beispielsweise für des NH_3-*Gleichgewicht* entweder

$$\frac{a_{NH_3}^2}{a_{N_2} \cdot a_{H_2}^3} = K$$

oder

$$-\mu_{N_2} - 3\,\mu_{H_2} + 2\,\mu_{NH_3} = 0 \;(= \mathbf{N}).$$

Wegen $\mu_i = \boldsymbol{\mu}_i + RT \ln a_i$ ist demnach ferner

$$-\boldsymbol{\mu}_{N_2} - 3\,\boldsymbol{\mu}_{H_2} + 2\,\boldsymbol{\mu}_{NH_3} = -RT \ln K = \mathbf{N}.$$

Es ist also die Differenz der chemischen Potentiale der End- und Ausgangsmole im *Grundzustand* eine Funktion der Gleichgewichtskonstanten, da diese die Arbeit der Bildung der Endprodukte im Grundzustand bedingt. Noch verständlicher wird die Gleichung, wenn man die *Elemente* im Grundzustand als Nullniveau festlegt:

$$2\,\boldsymbol{\mu}_{NH_3}\,(= 2\,{}^B\mathbf{N}_{NH_3}) = -RT \ln K = \mathbf{N}.$$

Zur Erleichterung des Verständnisses haben wir das chemische Potential hier auf einem etwas anderen Wege eingeführt, als dies in den Lehrbüchern üblicherweise geschieht. Meist wird von der Definition

$$\mu_i = (\partial G / \partial n_i)_{p,\,T}$$

ausgegangen. Wir müssen es dem Studierenden überlassen, sich diese wichtigen Definitionsgleichung in ihrer Bedeutung durch weiteres Studium anzueignen. Das hier Gebrachte bietet die Grundlage auch dafür.

Zur Definition des Grundzustandes. Die hier benutzte Grund- oder Normalaffinität $\mathbf{N}$ bezieht sich auf die Reaktion zwischen Stoffen im (idealisierten) *Grundzustand mit* $p_i = 1$ at. Wir bezeichnen sie im Folgenden mit ${}^1\mathbf{N}$.

Man kann jedoch den Grundzustand bei Gasen auch anders definieren. Nach dem Vorschlage von SCHOTTKY, ULICH und WAGNER[1] ist bei einem Mischsystem vom Gesamtdruck p der Grundzustand der Gase gegeben

---

[1] W. SCHOTTKY, H. ULICH und C. WAGNER: Thermodynamik, Berlin 1929. — Diese Definition benutzt auch G. KORTÜM: Einführung in die chemische Thermodynamik, Göttingen 1949.

bei einem (idealisierten) Druck $p_i = p$. Es handelt sich also hier um in der Mischung gar nicht realisierbare Zustände (Rechengrößen) und nicht um festliegende ($p_i = 1$), sondern um mit dem Gesamtdruck p variable Grundzustände. Diese etwas komplizierte Definition bietet Vorteile, wenn man es mit nicht idealen Mischsystemen zu tun hat. Im Rahmen der vorliegenden Aufgabensammlung haben wir aber diese Komplikation unterdrückt. Um den Anschluß an weitere thermodynamische Studien zu erleichtern, sei aber noch auf folgendes hingewiesen.

Die SCHOTTKYSche Grundreaktionsarbeit, die sich auf die Reaktion zwischen Stoffen im Grundzustande $p_i = p$ bezieht, sei mit $^p\mathit{N}$ bezeichnet. Es gilt dann

$$^p\mathit{N} = {}^1\mathit{N} + \Sigma\,v_i \cdot RT \ln p.$$

$^p\mathit{N}$ ist also druckabhängig: $d^p\mathit{N}/dp = +\varDelta V = \Sigma\,v_i \cdot RT/p$, wenn $\varDelta V$ die Änderung des Volumens beim Reaktionsablauf ist. $^1\mathit{N}$ ist druckunabhängig.

Analog der von uns hier benutzten Gleichung

$$^1\mathit{N} = -RT \ln K_p \text{ gilt } ^p\mathit{N} = -RT \ln K_\gamma,$$

wenn K_γ die mit Molenbrüchen (γ) formulierte Gleichgewichtskonstante ist,

$$K_\gamma = K_p \cdot p^{-\Sigma v_i}.$$

Bei Reaktionen ohne Änderung der Gasmolzahl ($\Sigma\,v_i = 0$, $\varDelta V = 0$) ist $K_\gamma = K_p$ und $^p\mathit{N} = {}^1\mathit{N}$. K_p ist druckunabhängig — immer vorausgesetzt, daß die Drucke p_i, bzw. die Molenbrüche γ_i mit Aktivitätskoeffizienten korrigiert sind.

Zur Verdeutlichung des Vorstehenden stellen wir einige Angaben über die Reaktion

$$N_2O_4 = 2NO_2$$

zusammen.

Die Gleichgewichtskonstante dieser Reaktion bei $25°$ ergibt $^1\mathit{N} = +1300$ cal[1].

Ausgangs-Mischsystem	$^1\mathit{N} + {}^1\mathit{N}_{\text{Rest}} = \mathit{N}$	$^p\mathit{N} + {}^p\mathit{N}_{\text{Rest}} = \mathit{N}$	Angestrebtes Gleichgewicht
$p=1 \begin{cases} p_{N_2O_4} = {}^1/_2 \\ p_{NO_2} = {}^1/_2 \end{cases}$	$+1300 - 410 = +890$ cal ($K_p = 0{,}112$)	$+1300 - 410 = +890$ cal ($K_\gamma = 0{,}112$)	$\begin{cases} p_{N_2O_4} = 0{,}72 \\ p_{NO_2} = 0{,}28 \end{cases}$
$p=2 \begin{cases} p_{N_2O_4} = 1 \\ p_{NO_2} = 1 \end{cases}$	$+1300 \pm 0 = +1300$ cal ($K_p = 0{,}112$)	$+1710 - 410 = +1300$ cal ($K_\gamma = 0{,}056$)	$\begin{cases} p_{N_2O_4} = 1{,}58 \\ p_{NO_2} = 0{,}42 \end{cases}$
$p=4 \begin{cases} p_{N_2O_4} = 2 \\ p_{NO_2} = 2 \end{cases}$	$+1300 + 410 = +1710$ cal ($K_p = 0{,}112$)	$+2120 - 410 = +1710$ cal ($K_\gamma = 0{,}028$)	$\begin{cases} p_{N_2O_4} = 3{,}38 \\ p_{NO_2} = 0{,}62 \end{cases}$

[1] Aus den Angaben im D'Ans-Lax berechnet sich:

$$W = +13000 \text{ cal}, \quad \varDelta S = +42{,}3 \text{ Cl.}, \quad {}^1\mathit{N} = +300 \text{ cal.}$$

Wahrscheinlich ist $W = +14000$ cal.